부칠 짐은 없습니다

스무 가지 물건만 가지고 떠난
미니멀 여행기

부칠 짐은 없습니다

주오일여행자

프롤로그

'정말 직장을 그만둬도 괜찮은 걸까? 그렇다고 여길 계속 다녀도 괜찮은 거야?'

직장을 그만두는 일은 쉽지 않았다. 매달 내야 하는 월세와 3개월 전의 카드값, 엄마에게 보내는 쥐꼬리만 한 돈 몇 푼이 내 삶을 전부 장악하고 있었다. 게다가 우습게도 이 직장이 내 이십 대의 전부였다. 내가 살아온 유일한 증거이자, 사회의 일부라는 오직 하나의 단서였다.

재물을 바치는 사제의 심정으로 이십 대를 쏟아부으며 일했다. 열심히 일하는 것만이 지난날의 고행을 보답받는 길이라고 생각했다. 수당 없는 야근도 극강의 정신력으로 버티며, 칼퇴와 저녁 없는 삶은 프로의 숙명이라 여기며, 휴가란 나태한 자들의 변명이라 설득당하며, 거대한 조직 안에서 나의 존재를 확인받으려 무던히 애썼다. 그러던 어느 날이었다.

여느 날과 다름없던 출근길, 지하철 유리문에 비친 나와 눈이 마주쳤다. 밭에서 쑥 뽑혀 아무렇게나 세워진 고춧대처럼 서 있는 내 모습이 한강 물결을 타고 생각 없이 흘러갔다. 어딘가로 끌려가는 불길한 개처럼, 곧 화장실로 달려갈 불안한 사람처럼, 손님 없는 식당의 불손한 종업원처럼, 당장에 밥상을 뒤엎을 불행한 중2처럼 여러 갈래로 쪼개지는 나의 모습에는 어떤 보람도, 행복도, 의미도 없었다. 나의 시간은 '그럼에도 불구하고'의 통한과 '버티고'와 '무릅쓰고'의 절망으로 채워질 뿐이었다.

'나는 어떻게 나이를 먹어갈까? 사각형의 책상 안에서 네모가 되고 마는 게 아닐까? 5년 뒤에도 카드값과 아파트 대출금을 갚기 위해 악착같이 돈에 매달릴까? 10년 후에 저 부장님처럼 될까? 정리해고 당하지 않으려고 줄을 잘 서는 게 내가 꿈꾸는 어른일까? 그게 정말 나의 미래인가?'

어젯밤 야근으로 푸석해진 얼굴, 어제와 오늘과 내일이 모든 재방송인 생활, 가야 할 목적지도 잊은 채 발만 굴리는 실내 자전거 같은 삶. 누군가에게 자랑할 만한 자동차를 사고, 더 넓은 평수의 집을 얻기 위해 빚을 내고, 그 모든 빚을 갚기 위해 쓰레기 같은 물건을 그럴싸하게 홍보하며, 그저 떨어지지 않으려 악착같이 매달리는 삶. 대체 어디에서부터 잘못된 걸까?

바로 잡고 싶었다. 다르게 살고 싶었다. 내가 원하는 대로, 나의 의지대로 삶의 뱃머리를 기꺼이 돌리고 싶었다. 직장을 그만두고 긴 여행을 떠나기로 마음먹은 이유였다. 그렇게 1년을 여행했다.

고백하자면, 나는 여행을 떠나기만 하면 그 자체로 대단한 서막이 펼쳐질 줄 알았다. 인스타그램 피드처럼 화려하고, 매력적인 주인공의 로드 무비처럼 흥미진진한 삶이 시작될 줄 알았다. 떠나기만 하면 무엇이든 대단한 일이 펼쳐질 줄 알았다니, 순진하고 어리석었다. 현실은 달랐다. 놀랍게도 여행 중 일상은 여행 전과 별반 다르지 않았고, 끔찍하게도 나는 여전히 미움받는 조연이었다.

매일 사라지는 머리 끈의 미스터리와 꽉 닫힌 잼 뚜껑, 점심 메뉴 결정과 밀린 빨래 같은 시시한 고민거리가 뫼비우스의 띠처럼 반복되고 내가 어떻게 살아야 하는지 가르쳐주는 사람은 나타나지 않았다. 출근하듯 어느 관광지에 가서 업무 보듯 사진을 몇 장 찍고, 집으로 돌아와서는 텔레비전을 보며 인스턴트 음식으로 저녁을 때웠다. 어느 날 우연히 엄청난 인생의 깨달음을 얻게 되지도 않았고, 여행은 여전히 좌초된 배처럼 인생의 변두리만 맴돌고 있었다. 여행이 인생의 아주 작은 문제 하나 해결해주지 못하는 게 분했다. 동시에 여행이 길어질수록 재취업 걱정만 늘어갔다. 이대로 여행이 끝나고 한국에 돌아가면 여행 전과 똑같은 삶을 살게 될 것 같아 불안했다.

결국 달라져야 하는 건, 새로운 여행지로의 이동이 아니라 여행의 방식이었다. 바뀌어야 하는 건 세계와 나를 맞추는 여행의 각도였다. 여행의 방향을 틀어보자고 마음먹었다. 최대한 가벼운 차림으로, 우연에 몸을 맡긴 채, 내일보다 오늘의 행복에 집중하며, 진짜 인생을 바꾸는 여행을 해보기로 말이다. 여행을 수식어로 이용하지 않고, 유명하다는 장소에서 사진을 찍는 것으로 여행을 다했다 여기지 않으며, 온전히 여행이 주는 가치에 집중하기 위해서였다.

이 여행기는 매일 같은 티셔츠를 입고 7개월간 여행한 두 사람의 이야기이다. 같은 티셔츠를 7개월 동안 입고, 스무 가지의 물건만 가지고 여행하는 일이 과연 우리 인생을 바꿀 수 있는가에 대한 질문이다. 정말 인생이 바뀌는 여행이었을까? 아니면 인생에서 절대 범하지 말아야 할 최악의 실수였을까? 선택의 순간은 체코 프라하 *Praha*의 작은 버스 정류장이었다.

목차

Part 1

더 가볍게 여행할 수 없을까?

배낭 없이 배낭여행

"아이고. 지루하다, 지루해."

지난해 가을쯤, 우리 두 사람은 프라하를 여행 중이었다. 솔직히 고백하자면 프라하는 정말 가고 싶지 않았던 도시이다. 인스타그램에 흘러 다니는 무수한 카렐교*Charles Bridge* 사진, 비슷한 구도와 색감으로 보정된 프라하 전경에 백기를 든 상태였기 때문이다. 여행 내내 나의 표정은 산타의 비밀을 알아버린 일곱 살 꼬마처럼 뚱했다. 돌이켜보면 산타의 비밀은 어찌나 시시하고 사소한지, 프라하의 풍경이 딱 그랬다.

프라하는 하품을 하며 돌아봐도 충분할 만큼 빈틈없이 지루했다. 프라하 어디를 가던, 이미 수백 번도 더 본 듯한 기시감이 우리를 엄습했다. 노란색 쓰레기통의 위치와 항상 같은 자리에서 공연하는 아마추어 밴드 기타리스트의 주름 개수까지 알아맞힐 수 있었다. 가본 적 없는 시내 구석구석을 훤히 내다보는 기분이었다.

프라하는 중세 유럽의 분위기를 물씬 풍기는 도시이다. 프라하 구시가지가 유네스코 세계 문화유산으로 등재되어, 19세기 유럽의 낭만을 가장 잘 느낄 수 있는 도시로 인기를 한 몸에 받는 이유이다. 바로 그게 문제이다. 프라하를 찾는 수많은 여행자들로 작은 도시가 온통 정체 중이니까.

특히 16개의 매력적인 아치가 떠받치는 멋스러운 카렐교는 예쁘게 차려입은 여행객들이 몰려다니며 사진을 찍는 통에 을지로처럼 줄줄이 밀린다. 무려 중세 유럽 건축의 걸작으로 꼽힐 만큼 아름다운데, 그 다리를 건너려는 여행자 군단 덕에 도저히 이 다리의 진가를 느낄 수 없다. 이게 문제가 아니라면 대체 이 지구상의 무엇이 문제란 말이지?

여기저기에서 사진을 찍어대는 관광객들을 지나치며, 부디 내 얼굴이 어느 관광객의 추억에 걸리지 않도록 신경을 곤두세웠다. 나의 볼썽사나운 표정과 한껏 치켜뜬 눈썹 귀퉁이가 누군가의 페이스북에 게재되어 퍼져나가지 않도록 안간힘을 쓰는 것이다. 빼곡한 관광객 틈으로 망원경처럼 눈만 넣어 간신히 블타바*Vltava* 강의 물결을 보고 있으면 대책 없이 프라하가 싫어진다. 게다가 한국 단체 관광객은 어찌나 많은지, 중세 유럽의 운치가 넘쳐야 할 구시가지 광장은 화려한 등산복을 입은 관광객들로 북적여, 여기가 프라하인지 북한산인지 헷갈릴 정도이다.

"프라하, 정말 대단하다. 광장에 사람이 어찌나 많은지 바늘 꽂을 틈도 없어. 그러니까 대체 이 지구상에, 프라하 구도심 정체 문제보다 심각한 문제가 있긴 있는 거야?"

"뭐, 관광객들이 좀 많긴 하지만, 그래도 꽤 멋스럽지 않아? 귀엽기도, 사랑스럽기도 하고 말이야."

나의 불만 섞인 토로에 K는 나름대로 긍정적인 답변을 내놓았다. 매사에 감정적인 나와는 달리, K는 한 발짝 떨어져 상황을 객관적으로 분석하는 타입이다. (쉽게 말해 계산기나 로봇 같다는 뜻이다.) 오즈의 나라를 헤매는 도로시와 심장이 필요한 양철 로봇 같은 우리 두 사람이 오랜 시간 동안 함께 여행할 수 있었던 이유도 우리가 아주 다르기 때문이다. 관심 있던 주제의 포럼에 참여하기 위해 런던으로 달려가던 그 애와 베를린 방구석에 처박혀서 책을 읽고, 티어가르텐*Tiergarten*이나 템펠호프*Tempelhof* 같은 공원을 산책하는 게 여행의 전부였던 내가 1년을 따로, 또 같이 여행할 수 있었던 이유이다. 달라도 너무 달라서.

나와는 썩 다른 시각으로 프라하를 지켜보던 K의 말을 듣고 보니, 나의 삐딱한 시선에도 불구하고 프라하는 유달리 낭만적이고, 별스럽게 아기자기했다. 햇살에 반짝이는 도시의 붉은 지붕과 오래된 다리 위에서 울려 퍼지는 보헤미안의 노래, 중세 시대를 가득 담은 100여 개의 탑까지. 오그라드는 대사를 팍팍 날려도 전혀 어색하지 않은 사랑스러운 도시의 풍경이 그 어떤 로맨틱 영화도 실패할 수 없게 만들고 있었다. 그리고 우리는 이 도시에서 마치 한 편의 영화처럼, 두 명의 여행자를 만났다. 그토록 지루하던 프라하에 오길 참 잘했다고 여기게 된 운명적 만남의 시작이었다.

두 명의 여행자를 만난 건 구시가지의 한 카페였다. 우리 네 사람은 얇은 반죽으로 둘둘 말려 가운데 구멍이 뻥 뚫린 프라하의 빵, 트르들로*Trdlo*의 맛이 과대평가되었다는 데 공감하며 금세 가까워졌다. 두 명의 여행자는 자신들도 빈*Wien*에서 우연히 만난 동행이라고 했다. 우리는 예쁜 여행객들 사이를 이방인처럼 배회하며 코젤*Kozel* 생맥주를 물처럼 마셨고, 매일 해 질 녘이면 페트리진*Petřínské* 언덕을 오르락내리락하며 며칠을 보냈다. 일정이 달라 서로 다른 곳으로 헤어져야 했던 마지막 날, 우리는 각자의 배낭을 메고 프라하의 터미널에서 다시 만났다. 그날 그 터미널이, 앞으로 우리 여행의 커다란 전환점이 되리라고는 전혀 예상치 못한 채 말이다. 관심도 없던 프라하가 과연 일생의 인연으로 느껴지는 순간을 만나리라고는 전혀 알지 못한 채.

터미널에서 다시 만난 두 여행자는 자기 몸만 한 크기의 배낭을 의자에 앉혀둔 채로 우리를 맞았다. 실로 어마어마한 크기의 배낭이었다. 그들의 배낭은 주머니 안에 세상 만물을 담고 사는 만화 주인공, 도라에몽 같았다. 배낭 안에서 온갖 물건들이 끝없이 쏟아

져 나왔기 때문이다. 최고급 침낭과 텐트는 기본이고, 동네의 작은 약국을 방불케 하는 상비약 종합 세트와 깊은 맛의 사천 짬뽕을 끓여낼 법한 요리 도구와 언제 필요할지 모르기 때문에 한 벌씩 챙겨왔다는 극강의 방한복까지! 1유로에 샀다는 100매+100매, 가성비 최고, 부피 최고의 물티슈까지 나왔을 때 우리는 할 말을 잃었다. 자주 사용하지도 않고 무겁기만 한 물건들을 자랑하듯 보여주는 그들에게 전부 필요한 물건인지 묻고 싶었다. 바로 그때, 거대한 배낭이 뒤집히며, 온갖 물건들이 우리 머리 위로 쏟아졌다.

'아, 지금 우리의 모습이 저들과 다르지 않구나. 이 커다란 배낭에는 과연 무엇이 들었을까? 지난 여행 동안 이 중에 얼마나 많은 물건들을 사용했을까?'

두 여행자가 프라하를 떠나고, 우리는 한동안 터미널 의자에 앉아 있었다. 머릿속이 복잡했다. 대체 무슨 짐이 이리도 많을까?

온갖 비상약 중 실제로 사용한 것은 두통약과 밴드 약간뿐이고, 엄청난 무게를 자랑하는 블루투스 스피커는 사용법마저 잊어버렸다. 혹시 몰라 챙긴 여벌 옷들 중 한 번도 입지 않은 티셔츠도 있었다. 분명한 여행의 목적 없이, 남들이 정한 무수한 조건과 변수에 맞춰 온갖 짐들을 챙겨 넣은 것이다. 지구상 최대의 문제는 프라하 정체 현상이 아니라 불필요한 짐으로 가득 찬 배낭이었다.

"그 친구들을 걱정할 게 아니었어. 우리가 문제야. 이 많은 걸 다 왜 가져온 거야? 이 스피커, 진짜 왜 가져왔니. 얼마나 크게 음악을 들으려고? 심지어 어떻게 켜는 건지도 까먹었어. 소–름"

"헐. 이 티셔츠, 심지어 가지고 온지도 몰랐어. 소–오–름"

"그래, 여행에 이 많은 게 전부 필요하진 않은데 말이야. 우리, 조금 더 가볍게 여행할 수 없을까?"

우리는 배낭 속 물건들을 하나둘 꺼내며 그 물건을 왜 가져왔는지 기억을 더듬어 보았다. 주변에 구애받지 않고 크게 음악을 들으려던 야심 찬 계획은 집 떠나고 1년 동안 단 한 번도 실천하지 못했다. 여행 중 대부분의 숙소를 에어비앤비*Airbnb*를 통해 구했기 때문에, 숙소를 공유하는 사람들을 신경 쓰느라 필담으로 대화한 적이 더 많았다. 그런데 블루투스 스피커라니. 정말 쓸데없고 무겁기만 한 물건이 아닐 수 없었다.

버리기 아까워서 가져왔던 티셔츠들은 어떤가. 그 티셔츠는 지난 8개월 동안 바깥세상은 구경도 못한 채 배낭 구석에 처박혀 있었다. 아니, 버리기 아까운 것을 굳이 가져왔으면, 응당 사용해야 마땅한 게 아닌가? 버리기는 아깝고, 사용하기에는 썩 아쉬운 예비 쓰레기들을 이렇게 짊어지고 다녔다니. 이게 배낭인지, 쓰레기통인지.

이 커다란 배낭 때문에 불편했던 순간들은 또 어찌나 많았단 말인가. 20킬로그램이 넘는 끔찍한 배낭 무게 때문에 이동할 때마다 제약이 많았고, 비행기를 이용할 때도 수하물을 추가하다 보니 비용 역시 배로 들었다. 도시를 이동할 때마다 늘 배낭을 옮기는 게 우선이었기에 여행하는 날보다 이동하는 날에 더 많은 에너지를 소모해야 했다.

K와 나는 씁쓸하게 웃으며 배낭에 있는 물건들을 양말 하나까지 전부 꺼냈다. 그리고 딱 '오늘 하루'에 필요한 물건만 남겨보기로 했다. 가장 불필요한 것들을 먼저 하나둘 제외했다. 배낭에서 제외된 물건들 대부분은 미래의 어떤 순간을 위한 대비책이었다. 있을지 없을지 모를 미래의 위험이나 필요에 대비해, 이 무거운 배낭을 지고 매일 힘에 부치는 걸음을 옮겨 왔던 것이다. 미래의 불행을 예방하기 위해 야근을 마다하지 않고 열심히 보험료를 내던 지난날과 다르지 않았다.

처음 여행을 떠날 때, 헨리 데이비드 소로*Henry David Thoreau*의 《월든*Walden*》에서 큰 영감을 받았다. 인생을 의도적으로 살아보기 위해 숲으로 간 그의 결심처럼, 우리도 한 번쯤 우리의 의도대로 굴러가는 삶을 살아보고 싶었다. 그리고 일하느라 서투르게 낭비했던 젊은 한 시절을 넓은 여백으로 남겨두고 싶었다. 하지만 떠나는 것만으로 변하는 것은 하나도 없었다. 우리는 여전히 짐에 부딪혀 넘어졌고, 미래의 어느 날을 준비하느라 오늘의 여백에 소홀했다. 바쁜 일상은 여전했고 필요 없는 물건들 때문에 배낭도, 마음도 빈틈이 없었다. 그러니 여행 이후의 삶도 여행 이전과 별반 다르지 않았던 게 아닐까?

1년 전 긴 여행을 떠나며 우리는 가지고 있던 짐과 집을 모두 처분했다. 마술 모자 안에서 끝없이 밀려 나오는 색색의 풍선처럼 내 작은 방안에서는 나조차도 알지 못했던 물건들이 끝도 없이 쏟아졌다. 먹지도 않고 썩지도 않는 냉동식품들, 충동적으로 사서 몇 번 입지 않은 옷가지들, 싼 가격에 홀려 쓸데없이 구매한 욕실 제품들, 친구로부터 기어이 얻어와서는 몇 번 켜지도 않은 거대한 스탠드, 심지어 언젠가 사용할 일이 있을지 모른다며 모아둔 종이 가방과 빈 케이스 같은 예쁜 쓰레기까지. 방안을 가득 채운 짐들은 자주 사용하지도 않을뿐더러 필요하지도 않았다. 이 아름다운 쓰레기들을 위해 스무 살부터 한시도 쉬지 않고 빡세게 버텨온 시급 인생이었나.

비정규직도 마다하지 않고 일해온 나의 이십 대가 전부 쓸데없는 쓰레기들을 모으기 위한 거였나. 갑자기 내 인생 전체가 몹시 후져졌다. 불필요한 짐을 정리하며 다짐했다. 모래주머니처럼 내 발목을 잡는 짐에서 벗어나자고, 가볍고 자유롭게 여행하듯 살자고. 하지만 배낭 안에 온갖 잡동사니를 사다 넣으며 나는 여행 전과 똑같은 삶을 살고 있었다.

우리는 배낭을 정리하며, 몇 개월 뒤에 혹시나 필요할지 모를 불필요한 잡동사니들을 주렁주렁 달고 다녔다는 사실을 뼈아프게 인정했다. 그리고 몇 개월 뒤의 위급한 상황이나 미래의 행복할지도 모르는 어떤 날을 위해 지금 이 순간을 저당 잡히는 고리를 끊어내자고 마침내 결심했다.

"그래, 결심했어. 배낭 없이 여행해보자."

"좋은 생각이야. 사실 우리 베를린에 있을 때, 가방 하나만 들고 한 달 정도 여행했잖아. 그때 참 가볍게, 즐겁게 여행했었는데!"

배낭을 없애기로 마음먹은 건 프라하였지만, 생각해보니 이미 베를린에서 짐 없이 여행을 떠났던 경험이 있었다. 우리는 지난 여행 기간 중 3개월을 베를린에 머물렀는데, 그건 본래 계획보다 한참 길어진 시간이었다. 예정된 계획은 한 달이었지만, 베를린에서 한 달을 보내고 나니 스멀스멀 베를린과 사랑에 빠져버렸다. 누구든 적당히 일하면 그럭저럭 먹고 살만한 물가와 온갖 국가에서 온 젊은이들로 붐비는 경계 없는 도시의 분위기, 도시 전체가 커다란 공원인 듯한 신록의 푸름, 그리고 인생에 다시없을 좋은 친구들을 만났기 때문이다. 한 달이 지났을 무렵, 우리는 본격적으로 베를린에 눌러앉을 궁리를 하기 시작했다.

우선 에어비앤비를 통해 만나 한집에 살고 있던 독일 친구들에게 우리가 더 머물 수 있는지 물어보았다. 마침 아르헨티나에서 오는 손님들 때문에 이 친구들 집에도 빈방이 없었다. 친구들은 우리를 위해 주변의 지인들에게 빈방을 수소문해주었지만, 한참 성수기가 다가오는 베를린에서 빈방을 구하기란 쉽지 않았다. 가까스로 방을 구하긴 했지만 한 달 뒤부터 머물 수 있던 터라 당장 한 달간 지낼 곳이 없다는 게 함정이었다. 우리는 친구들과 상의한 끝에 커다란 배낭을 친구들 집에 맡기고, 한 달간의 짧은 여행을 다녀오기로 했다. 저가 항공이 자주 오가는 영국의 런던과 베를린에서 접근성이 좋은 미지의 도시, 에스토니아의 탈린*Tallinn*이 목적지였다. 한 달간의 여행이 끝나면 다시 베를린으로 돌아와야 했기에, 우리는 2박 3일 제주도 여행을 가듯 가볍게 짐을 꾸렸다. 유럽의 저가 항공들은 수하물을 부치지 않을 경우 더 저렴하기 때문에 짐을 줄이고 또 줄였다. 갈아입을 옷 한 벌씩과 속옷, 세면도구 등 일상에 꼭 필요한 물건들만 추려 넣었다. 그렇게 작은 배낭 하나만 들고 떠난 한 달간의 여행에서 우리는 어떤 불편함도 느끼지 못했다. 오히려 물건이라는 닻을 풀어버리니, 정박하지 않은 배처럼 자유롭게 망망대해를 떠다니는 기분이었다.

"어라? 우리 베를린에 무슨 짐이 그렇게 많은 거지?"

"그러게. 집에 있는 20킬로그램짜리 배낭에는 대체 뭐가 들어있지? 기억도 나지 않는 물건들이 그렇게나 많이 쌓여있다니. 그걸 들고 다니면서 여태껏 어떻게 여행을 했나 모르겠어."

"그러게. 이렇게 몇 가지 물건만으로도 충분한데 말이야."

본래 배낭여행은 최소한의 차림과 가벼운 마음으로 떠나는 용기 있는 자들의 여행을 뜻하는 게 아니었던가. 돌이켜보면 진짜 배낭여행은 어떤 브랜드의 배낭을 메는지보다, 얼마나 실용적인 물건을 많이 챙겼는지보다, 어떤 마음으로, 어떤 사람을 만나는지가 더 중요하고 결정적인 부분이었다. 최소한의 짐만 추려 떠나는 새로운 여행, 배낭 없이 떠나는 배낭여행, 적은 짐과 가벼운 가방이 우리에게 선물할 여행은 과연 어떤 모습일까?

장석주 시인의 책 《철학자의 사물들》에 여행 가방에 대한 인상적인 구절이 있다. '여행 가방을 꾸리다가 드러난 내 욕망의 덴적스러움에 부끄러워진다. 여행 가방 안에는 덜어내고 남는 최소한도의 물건들만 남는다. 그 간소함이 곧 삶의 복잡함을 이기고 새로운 질서를 부여할 것이다.' 우리는 그 구절을 마음속 깊이 새기며, 우리 여행과 삶에 새로운 질서를 부여해보고자 더 적게, 더 작게, 더 새롭게, 여행을 떠나보려 한다. 정말 인생이 바뀌는 여행이 될까? 아니면 인생에서 절대 범하지 말아야 할 실수가 될까? 어쨌든 지금과는 전혀 다른 문이 우리를 향해 열렸음은 분명해 보인다.

"그래, 배낭 없이 가볍게 떠나보자. 정말 필요한 물건만 챙겨서, 가볍게! 보들레르의 시에도 나오잖아. '진정한 여행자는 오직 떠나기 위해 떠나는 자들!' 마음은 풍선처럼 가볍게, 숙명은 결코 떨치지 못한 채!"

"그래, 좋아! 그런데 우리, 뭐부터 챙겨야 하지?"

비워보면 알게 될지도

암스테르담*Amsterdam*에서 맑은 하늘을 볼 확률이 365일 중 45일뿐이라는 기사를 읽은 적이 있다. 맑은 하늘을 보고 싶은 사람은 절대 암스테르담에 와서는 안 된다는 이야기이다. 한겨울 암스테르담의 날씨를 이미 예상하고 왔기에 내내 볕 좋은 날을 기다리진 않았다. 우연히 꽉 막힌 구름 사이로 언뜻언뜻 푸른 하늘이 보이면 그저 감사한 마음으로 바쁘게 나갈 채비를 했다. 잔잔히 흘러가는 운하의 물결과 그 결을 함께 흐르는 자전거들, 좁은 골목마다 빼곡히 자리한 매력적인 카페들과 찬 공기를 잔뜩 머금은 공원까지. 우리는 지칠 때까지 걷기를 멈추지 않는다.

어쩌면 모든 결심은 산책에서 비롯되는 게 아닐까? 작년 이맘때쯤 우리 두 사람은 주말마다 만나 동네 구석구석을 걷고 근처 공원을 산책했다. 성수동의 서울숲을 걸으며 더 나은 삶이 무엇인지 고민했고, 잠실동의 석촌호수를 걸으며 직장을 그만두기로 약속했고, 망원동의 복잡한 골목 언저리를 걸으며 마침내 길고 긴 여행을 떠나기로 마음먹었다. 그리고 올해는 암스테르담의 작은 공원을 산책하며 배낭 없이 떠나는 가벼운 여행을 결심했다. 이것만큼은 부디 부끄러운 작심삼일로 끝내지 말자고 약속하며, 아마 모든 결심과 성찰은 공원과 산책에서 비롯된다고 확신하며.

암스테르담에서도 부지런히 걸으며 본격적으로 배낭 없는 여행을 준비했다. 가장 우선으로 할 일은 방 한 칸을 전부 차지하고 앉은 커다란 배낭을 없애는 일이었다. 나는 조용히 배낭을 바라보며 내가 언제부터 저 커다란 물건에 짓눌려 여행했는지 곰곰이 생각해 보았다. 시작은 아마 인도의 어느 기차역이 아니었을까?

○

여기저기 상처를 입은 누런 개 몇 마리가 사람들이 남기고 간 음식을 찾아 하이에나처럼 돌아다녔다. 형형색색의 사리Sari(인도 여성들이 입는 전통 의상) 자락이 바쁘게 오가는 사람들의 발걸음에 이리저리 흩날렸다. 그 모습이 꼭 어항 속 열대어의 비늘처럼 반짝반짝 빛났다. 어울리지 않는 장면들이 얼기설기 기워져 있던 그곳은, 눈 깜짝할 새 길을 잃고 마는 인도의 기차역, 정확히는 뉴델리New Delhi의 기차역이었다.

누군가의 살림살이가 테트리스처럼 빈틈없이 쌓여있고, 매표소 옆에 각 잡고 이부자리를 편 할아버지가 여긴 자기 자리라며 사방에 욕을 해대고, 5시간 정도 열차가 지연되는 일이 밥 먹는 일처럼 필연적인 곳이다. 그러니까, 엉망진창이라는 말이다. 드넓은 인도 전역으로 뻗어 나가는 이 기차역에서 제대로 된 열차에 오르려면 정신을 바짝 차려야 한다. 기차 연착은 기본이고, 잘못된 기차를 타는 일은 덤으로 발생하기 때문이다. 영화 속 제이슨 본처럼 날을 바짝 세우지 않으면 엉뚱한 열차를 타고 사막 한가운데 내려야 할지도 모른다.

'목적지 – 블루 시티 조드푸르Blue City, Jodhpur, 좌석 SLSleeper Class, A3, 21, UBUpper Bed'

생사가 달린 암호를 외우는 제이슨 본처럼 나는 기차 코드를 중얼거리며 열차에 오르기 위한 기나긴 대열에 합류했다. 긴 줄 끄트머리에 서서 열차에 오르길 기다렸지만, 시간이 지나도 줄은 줄어들 기미가 안 보였다. 현지인들의 세련된 새치기 기술 덕이다. 그 현란함과 당당함에 넋을 놓고 있으니, 곧 제복을 입은 사람이 다가와 긴 막대기로 줄을 선 사람들을 세차게 내려쳤다. 내가 기차를 타는 건지, 동물원 우리에 갇히는 건지 혼란이 일었다. 새치기를 백 열여섯 번쯤 당하고, 긴 막대기로 등을 두어 번 맞은 후에야 간신히 열차에 오를 수 있었다. 기차 칸 여기저기를 헤매다 도착한 자리에는 먼지가 눈처럼 쌓인 선풍기만이 나를 노려보고 있었다. 축축하고 기분 나쁜 땀 냄새를 풍기는 내 겨드랑이를 확인하며 여긴 동물원이 확실하다고 생각하는 찰나, 내 눈앞에 아주 낡고 커다란 배낭 하나가 놓였다.

"앞으로 최소 12시간은 함께 하겠네? 난 스위스에서 왔어, 반가워."

인도를 6개월째 여행 중이고, 언제 집으로 돌아갈지 모르겠다는 스위스의 방랑자, 필립이었다. 180센티미터가 넘는 장신인 필립은 자신만큼 거대한 크기의 배낭에 긴 다리를 척- 올리며 웃어 보였다. 인도 시장에서 산 500원짜리 바지와 아무렇게나 길렀지만, 왠지 멋져 보이는 수염, 팔목을 휘감는 10개의 가죽 팔찌와 여러 색의 반지까지, 나는 단숨에 그가 여행의 고수임을 알아챘다.

그의 배낭에는 작은 스테인리스 컵과 침낭, 팔뚝만 한 크기의 텐트와 온갖 탐나는 여행 소품들이 매달려 있었다. 배낭 옆 주머니에 무심하게 꽂힌 1.5리터 생수와 떨어지기 직전의 쪼리가 화룡점정이었다. 가끔 멍하니 창밖을 보다가 다 찢어진 종이와 조각난 냅킨에 몽당연필로 그날의 영감을 휘갈기는 그의 모습은 세계를 자기 집처럼 방랑하는 진정한 여행자처럼 보였다. 그래! 이런 게 진짜 배낭여행이지!

필립을 만난 날 이후로 내게 '배낭여행'은 언제나 '여행'보다 '배낭'이 앞서는 단어였다. 2개의 단어가 균형을 이루며 공존하기보다는, '배낭'이 '여행'을 압도하는 시소 놀이였다. 커다란 배낭을 아무렇게나 깔고 앉아 길거리 국수를 사 먹고, 치렁거리는 바지와 감지 않은 머리를 걷어 올리며 여행을 잔뜩 무시하는 태도가 그렇게 멋져 보일 수 없었다. 어떤 물건들을 매달고, 얼마나 힘들게 여행하는지가 어디를 가는지보다 훨씬 더 중요했다. 나는 필립처럼 자유롭게 여행하는 영혼들을 흉내 내려 애쓰며 캐리어를 끌고 다니는 관광객들을 얕잡아 보았다. 그렇게 배낭의 무게에 짓눌리고, 여행보다 배낭에 집착하는 허세로 이십 대 여행의 대부분을 흘려보냈다. 맙소사. 잃어버린 10년, 실화인가요?

서른 살이 넘은 지금에 와서 생각해보면, 그런 내가 귀엽기도 하고(그때 난 고작 스무 살이었다, 만으로 열아홉 살이니 살짝 봐주자 싶다가도) 허세로 들끓던 그 모습이 참 못났다 싶어 부끄럽다. 자기 몸처럼 소중히 배낭을 다루고, 누구보다 평화로운 방법으로 세계를 누비는 진짜 배낭여행자들에게 진심으로 미안한 마음이 들었다. 또 그들의 겉모습을 따라 한답시고 으스대는 마음으로 무시했던 다른 여행자들에게도 심심한 사과를 전하고 싶다.

그러니까 우리 모두는, 각자에게 맞는 자기만의 여행을 떠나야 하지 않을까? 멋져 보이는 누군가의 배낭 말고, '좋아요' 많은 어느 여행지 말고, 나에게 맞는 방식으로 자기만의 여행을 떠나야 하지 않을까? 열 명의 사람에게 열 개의 인생이 있듯이, 열 개의 여행 또한 있어야 하지 않을까?

나는 이제, 배낭을 압도하는 여행을 하고 싶다. 누군가의 여행을 따라 하는 멋진 복제품보다, 여기저기 흠집 투성이더라도 유일하고 온전한 진품이 되고 싶다. 겉멋에 치중하는 입만 가벼운 여행자보다, 입은 무직하되 몸은 가벼운 여행자가 되고 싶다. 필립을 만났던 인도 조드푸르의 멋진 풍경을 떠올리며, 나는 다시 마음을 다잡고 짐을 줄이기로 결심한 스스로를 다독였다.

○

배낭보다 여행에 집중하기 위해서는 짐으로 가득 찬 배낭을 정리해야 하는데, 도대체 어떻게 필요한 물건만 남겨야 할지 감이 오지 않았다. 배낭을 없애는 완벽한 방법에 대해 알려주는 여행 수업이 있다면 당장이라도 등록하고 싶었다. 우리는 문제집 맨 뒤에 해답을 훔쳐보는 심정으로 짐 없는 여행에 대한 사례들을 찾아보기 시작했다.

해외에서는 이미 많은 사람들이 짐 없이 혹은 최소한의 물건으로 여행하는 '미니멀 여행*Minimal Trip*'을 실천 중이었다. 작은 가방 하나에 몇 가지 물건만 넣어 아시아를 여행한 독일 여행자부터 주머니에 들어갈 만큼의 물건만으로 여행을 하는 포켓 트래블러*Pocket Traveler*, 그야말로 맨몸으로 여행을 떠난 미국인 커플까지 다양한 여행자들이 있었다. 특히 맨몸으로 한 달간 유럽을 여행한 커플의 이야기는 이미 전 세계 다양한 나라에 책으로 출판될 만큼 아주 유명했다.

대부분의 미니멀 여행자들은 모두 자기만의 기준과 분명한 목적을 가지고 스스로에게 적당한 양의 짐을 챙겼다. 산악 지역을 중심으로 캠핑을 하는지, 도심을 주로 여행하는지, 얼마 동안의 기간인지, 누구와 함께하는지, 평소 글을 쓰는 습관은 어떤지, 매번 요리를 만드는지 아니면 외식을 하는지 등 자신의 여행 스타일에 맞춰 최소한의 짐만 꾸렸다. '이건 무조건 필요해!'라던가 '그 짐은 절대 필요 없으니 과감히 삭제해!'라던가 하는 명확한 해답은 없었다.

생각해보니 당연한 일이었다. 꼭 필요한 짐이란 각자의 여행에 따라 달라지기 마련이니까. 우리도 우리만의 합리적인 미니멀리즘*Minimalism*이 필요했다. 우리가 하고자 하는 여행, 우리가 가고자 하는 장소를 고민하며 짐을 추려야 했다. 그래서, 어떤 물건을 남겨야 한다고요? (이렇게 떠들고도 아직 짐 정리는 시작도 못한 거, 이것도 실화인가요?)

"인간적으로 여벌 옷 하나쯤은 필요하지 않을까? 그 미국인 커플은 빨래하는 동안 어떻게 홀딱 벗고 있었던 거야? 난 절대 홀딱 벗고 빨래를 하고 싶지는 않은데… 그러니까 여벌 옷 하나 정도는 필요하겠어."

"이 노트는 정말 안 가져갈 수 없어. 찢어버리는 한이 있어도 안 돼. 내 영혼의 짝이란 말이야."

"그래, 정말 넓은 마음으로 인정해주겠어. 그래도 이 우산을 가져가는 건, 정말 아니지 않아? 이것도 영혼의 짝이라고 하진 않겠지, 설마. (절레절레)"

"인간적으로 그 안대가 더 말이 안 된다고. (절레절레 2)"

맨몸으로 유럽을 여행한 미국인 커플은 짐이라곤 전혀 없었다. 신용카드와 스마트폰, 스마트폰 충전기와 여권만을 주머니에 대충 쑤셔 넣고 여행하던 사람들이었다. 전생의 업보라곤 절대 없는 것처럼, 주머니에 들어갈 간단한 소지품이 삶의 전부인 것처럼, 가볍다 못해 날아갈 듯한 차림으로 한 달 동안 유럽을 여행했다.

우리도 그렇게 맨몸으로 훨훨 떠나가길 상상해보았지만, 이리 생각하고 저리 고민해봐도 도저히 불가능했다. 우리의 일정은 한 달보다 훨씬 길었고, 유럽의 매서운 겨울과 아시아의 뜨거운 여름을 거치는 계절적 변수들이 꽤 컸기 때문이다. 변명처럼 들리겠지만, 무엇보다 나는 입고 있는 옷을 세탁하는 동안 홀딱 벗고 있을 만큼 개

방적이지 못한 소심이고, (지금도 맥북을 붙잡고 있는) K는 컴퓨터 없이는 살 수 없는 컴퓨터 정키*Junkie*이다. 결국 우리는 각자에게 꼭 필요하다고 생각하는 최소한의 물건을 선택해, 작은 가방에 각자 담기로 했다.

물건별로 사용 빈도와 대체 가능성을 따져, 각자의 짐을 추려 나갔다. 나는 과감하게 노트북과 디지털카메라를 제외했다. 내가 가진 물건 중 가장 큰 무게가 나가는 짐이었고, 두 가지 기능 모두 스마트폰으로 대체할 수 있었다. (영혼의 짝이라고 우겨서 선택한) 작은 다이어리는 수명이 다할 때까지 사용하고, 그 후에는 스마트폰 메모를 이용하기로 마음먹었다. 그 외에 빨래할 동안이나 잠을 잘 때 입을 티셔츠 하나와 얇은 바지 하나, 여분의 속옷과 모자 하나, 그리고 칫솔과 비누를 포함한 간단한 세면도구, 거기에 선글라스와 동전지갑, 립밤과 기내 반입이 가능한 작은 용량의 로션 하나, 마지막으로 스마트폰 충전기와 이어폰, 그리고 함께 음악을 들을 수 있는 이어폰 스플리터를 챙겼다. 기내 반입 시 용량 제한이 있고 무게가 꽤 나가는 액체형 샴푸와 폼 클렌징은 고체로 된 제품을 이용해 부피를 최대한 줄였다. 마지막으로 넣은 손톱깎이까지 포함해 하나하나 세어보니, 총 스물다섯 가지 물건, 무게 2.5킬로그램의 짐이다.

K도 집 안에서 입을 옷 한 벌과 양말, 속옷을 하나씩 챙겼다.

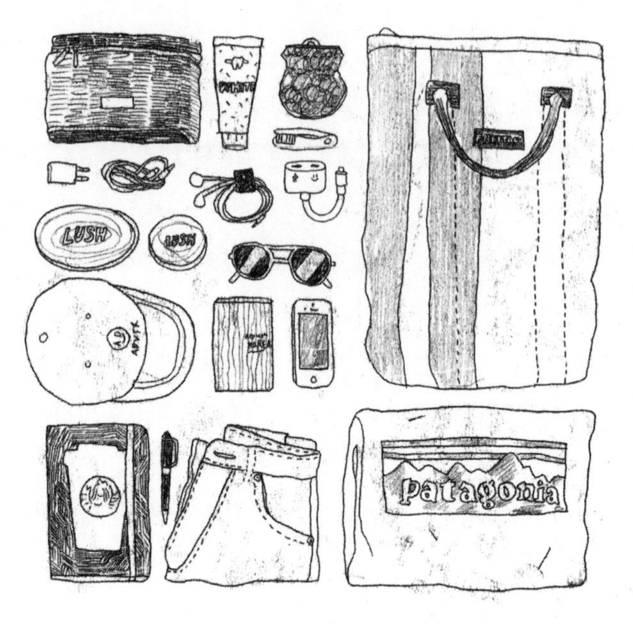

내가 챙긴 스물다섯 가지 물건

고체로 된 샴푸를 포함한 간단한 세면도구를 넣고, 무게가 꽤 나가는 맥북과 디지털카메라, 각 장비들에 필요한 충전 용품과 어댑터를 더했다. 그리고 마지막으로 작은 반짇고리 하나와 (꼭 필요하다고 우겼지만 좀처럼 이해할 수 없었던) 안대까지 총 스무 가지의 물건, 4.5킬로그램의 짐을 쌌다. 고집을 부려 들고 가려고 했던 외장 하드는 마지막까지 고민한 끝에 결국 제외했다. 온라인 클라우드 서비스

K가 챙긴 스무 가지 물건

를 통해 충분히 사진과 영상을 관리할 수 있었다.

우리가 선택한 물건들은 각자의 일상에서 사용 빈도가 높고, 다른 물건으로 대체할 수 없다고 여긴 것들이다. 그 기준에 맞는 몇 가지의 물건만 남기고 보니, 한국에서 가져온 배낭에는 여태 한 번도 쓰지 않은 물건도 있었고, 자가 증식하듯 무럭무럭 스스로 늘어난 짐도 있었다. 각 나라에서 한두 개씩 남았던 동전들이 모이고 모여 1킬로그램이 되었고, 다섯 명이 누워도 거뜬한 퀸사이즈의 에어 매트는 지난여름 뮤직 페스티벌에서 챙겨 온 이후로 한 번도 사용한 적이 없었으며, 예비로 챙겨 온 외장 하드 중 하나는 한 번 꽂아 보지도 못한 채 배낭 속에 잠들어있었다. 그 불필요한 짐들이 모여 25킬로그램에 달했던 것이다.

우리는 부피가 큰 물건을 중심으로 나눠, 절반은 한국으로 보내고 나머지 절반은 암스테르담에 사는 친구에게 보관을 부탁했다. 짐을 전부 한국으로 보내기에는 비용이 만만치 않았다. 친구는 무언가 부족한 것이 있으면 언제든 연락하라며 흔쾌히 우리 짐을 맡아주기로 했다.

"와. 2킬로그램이라니. 여행이 그만큼 간단할 수 있었는데, 일상이 그렇게 단순할 수 있었는데!"

"허세가 이렇게 사람을 망쳐요, 반성해야지. 반성하고 새롭게, 가볍게 여행하자."

불필요한 짐들을 추려내고 보니, 침낭이 주렁주렁 열매처럼 달린 커다란 배낭을 없애고 나니, 여행도 일상도 몹시 간단해지는 기분이 들었다. 그리고 자유로웠다. 어디로든 이 작은 가방만 들고 떠나면 그만이었다. 20킬로그램의 배낭이 2킬로그램의 가방이 되었고, 나머지 무게는 수증기처럼 훌쩍 허공으로 증발해 내 어깨 사이를 스치며 날아가 버렸다. 18킬로그램만큼의 자유였다.

스무 가지로 줄인 짐은 작은 프라이탁*Freitag* 가방에 넣었다. 처음엔 이 가방을 사용하게 된 것이 그저 우연이라고만 여겼는데, 지금 와 생각해보면 아주 운명적인 사건이 아니었나 싶다. 프라하의 한 카페에서 만난 두 여행자 덕분에 배낭을 없애기로 마음먹은 그날처럼 아주, 운명적인 사건을 암스테르담에서도 만나게 되었으니까.

"몇 년 전 한 아티스트의 프로젝트가 화제였어. 만약 집에 불이 났다면, 어떤 물건을 가지고 나올지 사진을 찍어 공유하자고 했거든. 많은 사람들이 자신이 가지고 나왔을 법한 물건들을 공유하기 시작했어. 대부분은 지금 당장 필요한 몇 가지 실용적인 물건을 선택했지. 아이폰과 여권, 열쇠와 지갑 뭐 그런 것들. 또 어떤 사람은 가장 비싼 물건들을 챙겨 나왔고, 어떤 사람은 오래된 앨범과 아끼는 모자를, 그리고 어떤 사람은 어린 시절부터 함께한 낡은 인형 하나, 딱 그거 하나만 골랐어. 우리라면 어떤 물건을 선택했을까?"

"그 프로젝트도 그렇고 우리의 배낭 없는 여행도 그렇고, 각자의 인생에서 스스로가 가장 중요하게 생각하는 것이 무엇인지 고민해보는 기회인 것 같아. 결국 자신이 선택하는 물건이 자신이 추구하는 가치이자, 삶의 우선순위이니까. 여행하기 위해 혹은 물건을 정리하기 위해 우리가 가진 것 중 최소한만 남기는 이 과정이 결국은 우리 삶의 가치를 재구성하는 일이 아닐까?"

"그래서, 인생에서 추구하는 가치가 안대를 이용한 꿀잠인 거야?"

무엇을 살지, 어떻게 살지

암스테르담, 네덜란드 。

암스테르담 국립 미술관 앞에는 축축한 안개를 머금어 더 짙은 초록빛을 내는 잔디 광장이 있다. 아이들 몇 명이 필드하키 스틱을 들고 나와 장난을 걸고, 찬바람에 코트 깃을 단단히 세운 사람들이 평온한 표정으로 산책을 즐기는 공원이다. 초록빛 광장 너머에는 얼음 날리는 소리가 신선한 아이스 링크가 있다. 스케이트 장비를 빌려 암스테르담의 겨울을 즐기는 여행객들 사이로, 꼬리잡기에 여념이 없는 동네 아이들로 가득 찬 곳이다. 작지만 매력이 넘치는 아이스 링크와 암스테르담 국립 미술관 사이에는 노상 사람들로 북적이는 '아이 암스테르담*I amstardam*' 조형물이 있다.

암스테르담에서 우리의 일과는 자전거를 타고 미술관을 가거나 축축한 잔디를 밟으며 공원을 산책하는 일로 채워졌다. 매주 금요일에는 광장 건너편 콘서트홀에서 무료로 열리는 클래식 공연을 감상했다. 미술관에 가는 일이 시 읽기의 즐거움이라면, 오케스트라를 듣는 것은 기승전결이 확실한 소설, 그중에서도 아주 정확한 비극을 읽는 기분이다. 감성이 소용돌이지고 슬픔이 파도처럼 솟구치는. 지난주 네덜란드 오케스트라가 연주한 〈더치 맘보*Dutch Mambo*〉는 특히 기묘하고도 아름다웠다. 복잡하고 어지러운 온갖 소리들이, 어울릴 것 같지 않은 음들이 하나로 모여 이루는 묘한 화음이 무척 황홀했다. 그리고 그 음악이 무수히 다양한 사람들이 한데 어울려 사는 암스테르담과 똑 닮았다고 생각했다.

암스테르담에서 지내며 가장 놀라웠던 점은, 이 도시에 엄청나게 다양한 사람들이 모여 산다는 사실이었다. 전 세계의 모든 종교와 인종과 국적의 사람들이 하나의 도시를 이루며 사는 모습이랄까? 화려하고 세련된 패치워크처럼 서로 다른 사람들이 사이좋게 암스테르담을 공유하고 있었다. 실제로 암스테르담은 유럽 내에서도 다양성의 대명사로 불린다. 이민자들의 비율이 워낙 높은 곳이기 때문이다. 암스테르담 인구의 절반이 서로 다른 170개 국적을 가졌다고 할 정도이다. 유엔에 가입한 국가가 193개이니, 전 세계 국가가 다 모여 있다고 해도 과언이 아니다. 그래서인지 암스테르담에서는 누구도 우리에게 국적을 묻지 않았다. 그들은 오늘 날씨에 관해, 자전거 체인의 상태에 대해, 옆집 사람의 시시콜콜한 일과에 대해 묻곤 한다. 생김새가 다르고 발음이 유별나다는 이유로 서로를 구분하지 않고, 그저 각자의 문화와 특유의 개별성이 잘 지켜지도록 모든 이들을 존재 그 자체로 인정해준다. 개인의 자유에 대한 그들의 존중은 내가 이 도시의 낯선 이방인이 아니라 암스테르담이라는 퍼즐을 완성하는 하나의 조각이라고 말해주는 듯했다. (그렇지만 도심 곳곳에서 새어 나오는 풀 타는 냄새와 도저히 용도를 이해할 수 없는 이상한 이름의 성인용품 판매점에 적응하는 데는 꽤 오랜 시간이 걸렸다.)

여느 날과 다름없던 평범한 암스테르담에서의 하루였다. 구름이 잔뜩 끼었음에도 바람이 차지 않아 자전거를 끌고 나갔고, 콘서트홀에서 런치 콘서트를 막 보고 나온 참이었다. 마침 항공권과 중요한 서류들을 넣을 봉투를 사야 했기에 암스테르담 시내의 한 미술용품점에 들렀을 뿐이다. 우연처럼 들른 그 상점에서 우리는 우연치고는 아주 운명적인 사건을 만났다.

◦

상점으로 들어서자 곱슬거리는 금빛 머리칼을 이마까지 내린 젊은 점원이 보였다. 소년처럼 앳돼 보이던 그는 우리에게 '다 알고 왔구나?'라고 말하는 듯한 짧은 눈인사를 건넸다. 그의 머리칼처럼 밝은 분위기의 상점에는 처음 보는 색깔의 물감과 독특한 디자인 용품들이 가득했다. 화려한 색의 연필에서 나는 흥미로운 향기와 독특한 신발이 놓인 나무 상자의 무늬까지, 나는 왠지 기분 좋은 일이 일어날 것 같은 예감에 사로잡혔다. 그때, 익숙한 색의 가방을 발견했다. 파란색과 빨간색 무늬가 나란히 위치한 그 가방은, 내가 들고 있는 프라이탁과 아주 닮은 디자인이었다. 자신의 마술 지팡이를 고르기 위해 지팡이 가게 '올리밴더스Ollivanders'에 들어선 해리 포터처럼, 우리는 그 가방이 오랫동안 우리를 기다려온 지팡이임을 단숨에 알아보았다. 암스테르담의 젊은 올리밴더가 가게에 들어서는 우리에게 보낸 그 눈빛의 의미를 이제야 알 것 같았다. '너, 이 가방 때문에 이곳에 왔구나?'

"와, 이거 정말 멋진데? 내 생각에 이 두 프라이탁 가방은 원래 하나였던 것 같아. 이렇게 같은 디자인의 가방을 서로 다른 장소에서, 그것도 시간이 아주 많이 흐른 뒤에 찾는다는 건 굉장히 드문 일이야. 이건 꼭 사야 해! 그리고 너희들 이야기를 꼭 사람들과 공유해봐. 아마 지금껏 가장 흥미진진한 이야기가 될걸?"

금빛 머리의 점원이 호들갑을 떨며 이 가방을 꼭 사야 한다고 말한 데에는 그만한 이유가 있다. 프라이탁이 만들어지는 독특한 방식 때문이다. 프라이탁은 스위스의 그래픽 디자이너 두 명이 만든 가방 브랜드로, 트럭을 덮을 때 사용하는 방수포를 재활용해 만든 업사이클링Up-cycling 제품이다. 트럭의 방수포를 재활용하기 때문에 비가 와도 젖지 않고, 내구성도 아주 강하다. 독일에서 중고로 산 프라이탁 가방을 6개월간 사용하며, 그 튼튼함에 매번 감탄할 정도였다. 모든 제품은 수작업으로 만들어지고, 재활용되는 방수 천에 따라 모든 가방이 독특하고 개별적인 디자인을 갖는 것이 제일 큰 매력이다. 그렇기에 같은 디자인은 거의 찾아볼 수 없고, 비슷한 디자인일 경우 원래 하나였던 큰 천을 나눠 쓴 경우에나 구할 수 있다. 이미 누군가 5년간 사용했던 중고품을 베를린에서 구매했는데, 그와 같은 디자인을, 이곳 암스테르담에서 5년 후에 발견하게 되다니! 젊은 점원이 우리에게 호들갑을 떨며 '어머, 이건 사야 해!'라고 외칠 수밖에.

사실 우리는 각자의 배낭에서 스무 가지 남짓의 물건만 추려낸 뒤로, 가방에 대해 깊이 고민하고 있던 참이었다. 나는 대략 2킬로그램의 짐들을 기존의 프라이탁에 담아 갈 예정이었지만, K의 경우 텅 빈 60리터짜리 배낭 외에는 별다른 방도가 없었다. 스무 가지 남짓한 물건을 60리터의 거대한 배낭에 넣고 다니자니, 그 자체로 묵직한 배낭의 무게 때문에 애써 짐을 줄인 보람이 없었다. 그런 고민을 하던 차에 우연히 같은 디자인의 프라이탁 가방을 만나다니, 이 모든 게 운명처럼 느껴졌다. 어릴 적 하나의 징표를 나눠 가지며 헤어진 형제를 우연히 다시 만나게 된 드라마 속 장면처럼 말이다.

그 애는 운명을 믿지 않는 양철 로봇이지만, 확률적으로 따져봐도 아주 드문 경우라며 씩- 웃어 보였다. 하지만 우리에게 이 가방이 정말 필요한 걸까? 최소한의 여행, 미니멀 여행을 하기로 해놓고,

또 무언가를 사야 한다는 건 정말 불쾌한 아이러니가 아닐까? 미니멀 라이프를 한답시고 예쁜 미니멀 디자인의 가구를 새로 사들이는 것과 다를 게 없지 않나?

"미니멀리즘이니 뭐니 해놓고, 최소한의 짐만 가지고 여행을 하네 마네 해놓고, 미니멀 여행을 하기 위해 새로 가방을 산다는 게 좀, 우습지 않아?"

"음, 맞아. 그런 것도 같네. 하지만 몇 가지 안 되는 짐을 커다란 배낭에 넣고 다니는 게 불편하긴 하잖아. 우리가 아예 소비하지 않기로 한 것도 아니고."

"그렇긴 하지만 마음이 불편해. 굳이 사지 않아도 되는데 괜한 소비를 하는 것 같아서 죄짓는 마음도 들고."

"우리가 속세를 등지고 산으로 들어가는 스님도 아니고, 필요한 물건을 사는 건 나쁘지 않은 일이라고 생각해. 오히려 그게 미니멀리즘 아닐까? 필요한 때에 필요한 물건을 사는 거 말이야. 게다가 나는 이 가방이 만들어진 과정이 꽤 합리적이고 윤리적이라고 생각하거든. 버리는 것도 중요하지만, 어떤 물건을 살 건지 합리적으로 고민하는 것도 미니멀리즘이라고 생각해."

K의 말처럼 미니멀리즘이란 게 소유한 모든 것을 버리고 속세

를 떠나는 태도는 아닐 거다. 법정 스님도 말씀하셨다. 무소유無所有란 아무것도 갖지 않는다는 것이 아니라 불필요한 것을 갖지 않는 것이라고. 어쩌면 미니멀리즘은 내게 불필요한 것들을 줄이고 과도한 소비 습관에서 벗어나 내게 필요한 물건만, 그 사물의 가치만 남기는 게 아닐까?

베를린에서 산 핑크색 모자가 떠올랐다. 베를린 시내 산책을 나섰다가 지뢰밭처럼 포진한 패스트 패션Fast Fashion 매장을 피해 가지 못하고 1유로에 판매한다는 커다란 모자를 덜컥 사버리고 말았다. 필요하지도 않고, 심지어 물먹은 솜처럼 부피도 엄청나게 큰 모자였지만, '1유로밖에 안 하잖아!'라며 기어이 그 모자를 사고야 말았던 것이다. 커다란 모자를 들고 집으로 돌아온 나를 보고, 한집에 사는 친구가 꼭 만화 주인공 같다며 크게 웃었다. 비현실적으로 거대하고, 낯선 열매의 그림자처럼 핑크빛인 모자를 들고 서 있는 내 모습이 값싼 인형처럼 초라했다. 지뢰가 터진 것이다.

나를 보고 만화 주인공 같다며 웃던 친구는 미니멀리즘에 대해 들어본 적은 없지만, 일상생활에서 그 누구보다 합리적이고 윤리적인 미니멀리스트로 살고 있다. 찢어진 청바지는 중고 물품을 거래하는 동네 가게에서 구매했고, 바람을 막아주는 낡은 외투는 몇 년 전 베를린 마우어 파크Mauer Park의 벼룩시장에서 저렴하게 산 중고품이다. 매일 들고 다니는 가방은 자신의 해진 티셔츠와 청바지를 이용해 직접 제작한 에코백이며, 집안의 먹거리들과 화장품은 윤리적 기업으로 유명한 회사의 제품이었다. 그의 일상은 단순하지만 깊이 있는 살림이었고, 자신이 사랑하는 도시와 이 세계를 이해하는 자기만의 방식이었다.

우리 모두 알고 있다. 일회용처럼 쓰고 버리는 물건들이 이 세계를 망치고 있다는 걸. 자주 샀다가 자주 버리는 싸고 질 나쁜 물건들이 농약처럼 이 행성을 병들게 하고 있다는 걸. 누구도 어쩌지 못하는 엄청난 양의 쓰레기, 유해한 화학 물질과 강으로 흘러드는 폐수까지, 모두. 어쩌면 우리가 바라는 미니멀리즘은 무조건 버리기만 하는 데 그치지 않는다. 나쁘게 만들어지고 빠르게 버려지는 물건을 구매하지 않고, 가치가 담긴 물건을 조심스레 구매하는 것이야말로 우리가 바라던 미니멀리즘이다. 어쩌면 필요할 때에 필요한 만큼의 물건을 사고, 옳은 가치를 담은 물건을 사는 데 집중했더라면 소유한 물건들을 정리해 나가는 미니멀리즘은 애초에 필요치 않았을지도 모른다.

◦

그래서 그 가방은 어떻게 되었냐고? 프라이탁이 만들어지는 과정과 그들이 추구하는 가치에 공감하며 우리는 고민 끝에 프라이탁 가방을 구입했다. 그저 또 다른 유행에 동참하는 기분으로 미니멀해지고 싶은 게 아니라면, 미니멀리즘은 소비를 통해 자신이 무엇에 가치를 두는지를 증명하는 일이 되어야 한다. 무언가를 사지 않는 데만 몰두하지 않고 무엇을 살 것인가에 대해 고민하며, 무조건 버리는 유행에 현혹되기보다 그 일이 환경과 내 삶에 어떤 영향을 주는지 잘 관찰해야 한다.

우리의 미니멀리즘은 불필요한 물건을 줄여 가볍게 여행을 떠나는 것에서 시작하되, 소유하는 것보다 가치 있는 삶의 본질을 찾아가는 일로 확장되어야 한다고 믿는다. 그래서 가끔은 지금처럼 무엇을 버릴지 고민하는 일보다 무엇을 사고 남길 지가 더 중요한 과제로 남을 것이다. 미니멀 여행 또한 우리 삶에서 중요한, 우리가 소중히 여기는 가치를 남기기 위한 과정일 테니까.

이제 우리에게는 목에 걸 방수 지갑도, 튼튼한 지퍼로 무장한 안전 복대도, 침낭과 매트가 주렁주렁 달린 만능 배낭도 없다. 하지만 겨우 2킬로그램에 불과한 이 작은 가방이 우리에게 그 어느 때보다도 많은 질문을 던질 것이다. 무엇을 '사는' 행위에 대한 아이러니부터 어떻게 '사는' 게 옳은지에 대한 진득한 고민까지, 우리는 그때마다 수많은 여행지에서의 기억들과 마주할 것이다. 프라이탁 가방을 사야 할지에 대해 고민했던 오늘처럼. 이 여행으로 어떤 답을 얻을 수 있을지 모르겠다. 다만 우리에게 던져질 수많은 질문을 마주하며 보다 나은 우리가 되기를 바랄 뿐, 미니멀리즘이 이 세계를 아끼는 다정한 안부가 되기를 바랄 뿐이다.

생택쥐페리*Saint Exupery*는 말했다. '완벽함이란, 더 보탤 것이 남아있지 않을 때가 아니라 더 이상 뺄 것이 없을 때 완성되는 것'이라고. 이제 우리는 더는 뺄 것이 없어 완성된, 완벽한 2개의 가방만 들고 여행을 떠난다. 각자 스무 가지 남짓의 물건만 담긴 가방이 여행에 필요한 전부이다. 짐을 가방에 넣고 새로운 나라로 여행을 떠나는데 필요한 시간은 1분. 배낭 없이 떠나는 첫 여행지, 이스라엘로 가기 위한 준비 시간은 딱, 1분이다. 이 지구 상의 어느 곳으로라도 우리에겐 1분이면 충분하다.

"아무리 생각해도 프라이탁 가방을 들고 여행을 가게 된 건, 운명이야. 트럭의 방수 천을 재활용한 제품이라 더 의미 있고."

“사실 그전까지는 물건을 살 때 이게 정말 필요한 건지 깊이 고민하지 않았던 것 같아. 값이 싸서 사고, 스트레스 해소하려고 사고, 그냥 사고, 마구 사고 (웃음). 이 물건이 환경에 어떤 영향을 주나 생각할 겨를이 없었지. 카드 긁는 시간은 엄청 짧으니까. 이젠 이 물건이 내 삶에 진짜 필요한 건지, 내가 소비하고 사용하는 물건이 환경에 어떤 영향을 주는지 고민하고 소비를 하게 될 것 같아. 그렇게 되겠지?”

짐없이 여행 한다는 건

에인트호번, 네덜란드 。

블라블라카*Blablacar*는 카셰어링 서비스이다. 운전자가 자신의 최종 목적지와 자동차의 남은 좌석 수를 온라인에 올리면 같은 목적지의 동승자와 연결해주는 시스템이다. 저렴한 가격도 좋지만, 함께 가는 사람들과 이런저런 이야기를 하며 동행한다는 사실이 무엇보다 큰 매력이다. 새로운 사람들과의 짧은 동행, 같은 자동차 안에 모인 사람들과 듣는 오래된 팝송이라니. 꼭 한 번쯤 해볼 만한 재미있는 경험이다.

뉴욕은 지금 새벽 5시라며 오락기에 동전 넣듯 하품을 해대는 이 친구 역시 블라블라카를 통해 만났다. 암스테르담에서 에인트호번*Eindhoven* 공항까지 동행할 친구이다. 유럽에서 몇 번 블라블라카를 이용해보았지만 다니엘 같은 사람은 처음이었다. 묻는 말에 듬성듬성 대답하는 건 둘째 치고, 연신 하품을 해대는 통에 제발 졸음

운전만은 하지 말아 달라며 빌고 싶은 지경이었다. 기차표가 비싸다고 목숨을 담보 삼아 이동을 하려던 건 아니었는데, 어째 일이 꼬이는 것 같았다.

배낭을 없애고 떠나는 첫 번째 여행지를 두고 우리는 적잖은 고민을 했다. 짐이 없어 자유로워진 우리의 장점을 살려 가능한 멀리멀리 떠나고 싶었다. 배낭이 없으니 따로 부칠 짐도 없었다. 부칠 짐이 없으니 항공권은 잔뜩 저렴해졌고, 늦은 시간에 출발하고 여러 도시를 경유하는 노선을 선택하는 데에도 부담이 적었다. 우리는 벽 한쪽에 지도를 붙여놓고 여러 노선을 이어, 가장 멀리 떠나는 항로를 창조했다. 네덜란드의 에인트호번 공항에서 불가리아의 소피아 *Sophia*를 거쳐, 이스라엘 텔아비브*Tel Aviv*로 향하는 경로였다. 우리는 그렇게 수하물 없이, 아무도 가지 않는 날짜에, 누구도 선택하지 않는 공항에서 전혀 새로운 도시로 떠날 수 있었다. 그런 의미에서 첫 기항지인 텔아비브는 무척 낯설고 흥미로운 여행지였다.

비행기 표를 얼마에 샀더라 기억하고 있는데 다시 하품하는 소리가 들렸다. 뉴욕에서 새로운 친구들을 만나 파티를 하며 2017년 새해를 맞이했다고 심드렁하게 말하는 다니엘이 또 하품을 하고 있다. '너의 흥청망청한 뉴욕 파티 때문에 네덜란드 귀퉁이에서 죽고 싶지 않아!'라며 한소리 하고 싶었지만 꾹- 참았다. 하지만 진짜 문제는 문제가 여기에서 끝나지 않았다는 데 있다.

다니엘 "좋아. 너희들 짐이 없으니 자리가 충분하네! 그럼 이제 출발!을 해야 하는데, 사실 우리 동행자가 한 명 더 있어. 암스테르담 시내 근처에서 픽업하기로 했으니, 거길 들렀다 에인트호번 공항으로 가자!"

나 "암스테르담 시내로 다시 가는 거구나! 우리가 미처 몰랐네? 하하하 (암스테르담 공항에서 출발한다기에 시내에서 버스를 두 번이나 갈아타고 여기까지 왔는데, 다시 시내로 가서 누굴 태운다고? 농담이지?)"

잔뜩 골이 난 표정으로 암스테르담 시내로 진입했다. 암스테르담 공항으로 가기 위해 버스를 탔던 정류장으로 다시 돌아왔다. 맙소사. 그곳에서 우리를 향해 손을 흔드는 새로운 탑승객을 만났다. 우크라이나 키예프*Kiev*에서 온 여자아이가 마지막 탑승자, 티나였다. 에센*Essen*에 사는 하품하는 다니엘과 귀여운 목소리가 인상적인 키예프의 소녀 티나, 그리고 불만 많은 표정의 험상궂은 아시아 여행자 두 명이 아인트호벤 사인조의 최종 멤버가 되었다. 우여곡절 끝에 우주선에 탑승한 젊은 지구인 네 명은 빨간색 구형 자동차를 타고 돌아올 수 없는 길을 떠나게 되는데–

작은 자동차는 본격적으로 에인트호번을 향해 달렸다. 앞 좌석에 앉은 다니엘과 티나는 끝없이 대화를 이어나갔다. 처음에 우리가 묻는 말에는 설렁설렁 대답을 하는 둥 마는 둥 하더니, 새롭게 합류한 키예프 소녀에게는 뭐 그리 궁금한 게 많은지 다니엘의 질문 공세가 대단하다. 그리고 시간이 지날수록 그 둘은 우리가 도저히 끼어들 수 없는 주제의 대화들을 이어나갔다.

뉴욕 클럽의 디제잉과 연말 파티, 도통 알아들을 수 없는 은어까지. 한 공간에 있지만 네 사람 사이로 은하수만큼 넓은 강이 흐르는 기분이었다. 돌아오지 못할 강을 건넜다 생각하는 찰나, 티나가 자신이 베를린에서 수개월, 그리고 암스테르담에서 두 달을 머물다 고향으로 돌아가는 길이라 말했다. 우리가 사랑해 마지않는 두 도시를 그도 무척 좋아하는 눈치였다. 우리는 곧 베를린의 유명한 카페와 작은 공원들, 그리고 자주 가던 코워킹 스페이스*Co-working Space*에 대해 대화했다. 우리 사이를 흐르던 거대한 은하수 속으로 단숨에 다이빙한 기분이었다.

티나 "나는 문학과 철학을 전공했는데 지금까지 해온 일은 모두 광고와 관련된 거야. 자본주의 때문인가? 재미있지. 다니던 광고회사를 그만두고 지금은 여기저기 살면서 일하고, 여행하고 그래."

다니엘 "베를린과 암스테르담에서 그렇게 오래 있었다면서, 짐이 정말 그게 다야?"

티나 “처음에는 나도 캐리어가 있었는데 길게 여행하다 보니 점점 불필요해지더라고. 멀리 다니기도 어렵고 말이야. 그리고 친구들 집에서 지내면 사실 그렇게 많이 필요한 게 없어. 너희 두 사람도 이스라엘로 떠나는 사람 치고는 짐이 없던데?”

광고 회사에서 일하던 티나는 몇 년 전 유럽에 불어닥친 경제 위기로 생긴 인원 감축을 목격했다. 함께 일하던 사람들이 가을 낙엽처럼 처량하고 쓸모없이 떨어져 나가는 것을 보고, 스스로 회사를 그만두었다. 알 수 없는 죄책감이 들기도 했고, 고용주에게 맡겨진 삶이 더는 안정적일 수 없다는 기시감 때문이기도 했다. 자신도 곧 떨어질 나뭇잎 중 하나일 뿐이었으니까.

티나는 회사를 그만두고 2년 동안 유럽 전역을 떠돌았다고 했다. 프리랜서로 다양한 국가에서 일하며 끊임없이 여기저기를 방랑하고, 어디에도 집 같은 건 두지 않으며 훨훨 날아다니듯 여행하며 일했다. 오랜 방랑자에게 짐이라고는 오직 가방 하나뿐이었다. 베를린과 암스테르담을 좋아한다는 점, 솅겐 조약*Schengen Agreement* 때문에 어딜 가든 애를 먹어 다른 비자를 받아 낼 궁꿍이를 한다는 점, 탈고용을 꿈꾸는 저성장 시대의 주머니 얇은 방랑자라는 점, 여행이 길어질수록 많은 짐이 필요치 않다고 느낀다는 점, 그래서 결국 작은 가방 하나에 꼭 필요한 것들만 들고 다닌다는 것까지, 우리는 비슷한 점이 참 많았다.

나 "사실, 오늘은 우리가 이 작은 가방만 들고 여행을 떠나는 첫날이야. 그런데 오늘 우연히 널 만나게 된 거야. 이건 정말 운명 같은, 대단한 우연이야!"

다니엘 "너희들 모두 정말 대단하고, 이상해! 나는 일주일 뉴욕에 다녀오는 데도 저 작은 캐리어 하나가 가득 찼는데 말이야. 나에게도 새로운 시도가 필요하겠어. 삶을 바꾸는 그런! 하지만 두렵지 않아? 정말, 별 게, 없잖아! 이건 엄청난 모험이야."

다니엘은 황당하다는 표정으로 티나와 나의 얼굴을 번갈아 보았다. 그의 눈을 잠시 바라보곤 티나에게 작은 가방만 들고 집을 나서던 첫날이 기억나는지 물었다. 그는 잠시 머뭇거리다 그저 작게 웃었다. 잠깐 홀로 생각에 잠긴 듯했다.

오늘 아침이 떠올랐다. 이를 닦고 마지막 칫솔을 포함한 몇 안 되는 짐을 가방에 넣고 보니, 두려워졌다. 전혀 새로운 긴장감이었다. 집 앞 슈퍼에 잠깐 갈 때처럼, 친구들과 밤새 놀다 찜질방에서 자기로 한 늦은 밤의 외출처럼 무방비인 채로 다른 대륙으로의 여행을 감행하고 있었다. 한밤에 떠나는 비밀스러운 여행, 사랑의 이름으로 저지르는 아찔한 도주처럼 가슴이 종잡을 수 없이 쿵쾅거렸다.

'주머니가 더 많은 바지를 입었어야 했나? 아무래도 복대 정도는 있어야 했나? 목베개 없다고 정말 목이 부러진 일은 없겠지? 머리를 빗지 않고 100일이 넘으면 진짜 헤그리드로 변신하지 않을까? 정말 매일 빨래할 수 있을까?'

다니엘의 말처럼 어쩌면 이건, 정말 인생을 뒤흔드는 진동일지도 모른다. 에인트호번의 사인조가 저지를 우주에서 가장 멍청한 범죄일지도 모른다. 하마터면 아무 일도 일어나지 않고 푹 가라앉아버릴 첫사랑처럼 무의미하게 끝나버릴 것이다. 우리는 그런 알 수 없는 가능성과 희박하고 생경한 기회에 젊은 날의 시간을 걸어보고 있었다.

잠시 생각에 잠긴 듯했던 티나가 대답했다. 몇 년간 적은 짐으로 여행하면서 전보다 더 멀리 갈 수 있게 되었다고, 그리고 더 자유로워졌다고 했다. 우리는 존경의 눈빛으로 티나의 목소리에 집중했다. 그가 전파하는 가벼운 여행의 장점들은 불교 경전의 구절만큼 신비하고, 열반의 오른 깨달음처럼 멀게만 느껴졌다. 하지만 확신에 찬 티나의 목소리만은 정확하게 우리 귀에 꽂혔다. 내가 무얼 입는지, 다른 사람이 나보다 몸무게가 얼마나 적게 나가는지 더는 신경 쓰지 않는다고, 이제 거울 앞에 서서 스스로를 책망하지 않는다는 마지막 말에, 우리는 이 불확실한 도박이 아주 틀린 셈이 아니라는 걸 어렴풋이 느꼈다.

마지막 정류장인 에인트호번 공항에 들어설 즈음에는 네 사람이 탄 자동차가 정말 작은 우주선처럼 느껴졌다. 우리는 낯선 행성으로 첫 탐사를 떠나는 지구인처럼 깊게 심호흡을 하고 마지막으로 짧은 포옹을 나누었다. 티나는 하얀 겨울이 쌓인 자기만의 방으로 떠났고, 우리는 여전히 문명이 충돌하는 작은 행성으로 다시 길을 나설 참이었다. 우주선 안에 남은 다니엘은 새로운 손님과 함께 지구로 돌아갈 채비를 마쳤다.

에인트호번의 사인조에게 앞으로의 탐사는 무엇을 남길까? 우리에게 남은 여행은 과연 어떤 모습일까? 다니엘이 말한 인생을 흔드는 진동은 무엇일까? 키예프 소녀는 유럽의 노마드*Nomade*로, 지구의 미니멀 여행자로 이곳저곳을 떠돌게 될까? 시계를 보니, 입국 수속을 위한 시간이 얼마 남지 않았다. 우리는 에인트호번 공항으로 서둘러 들어갔다. 배낭을 메던 등 위로 바람만 시끄럽게 미끄러진다.

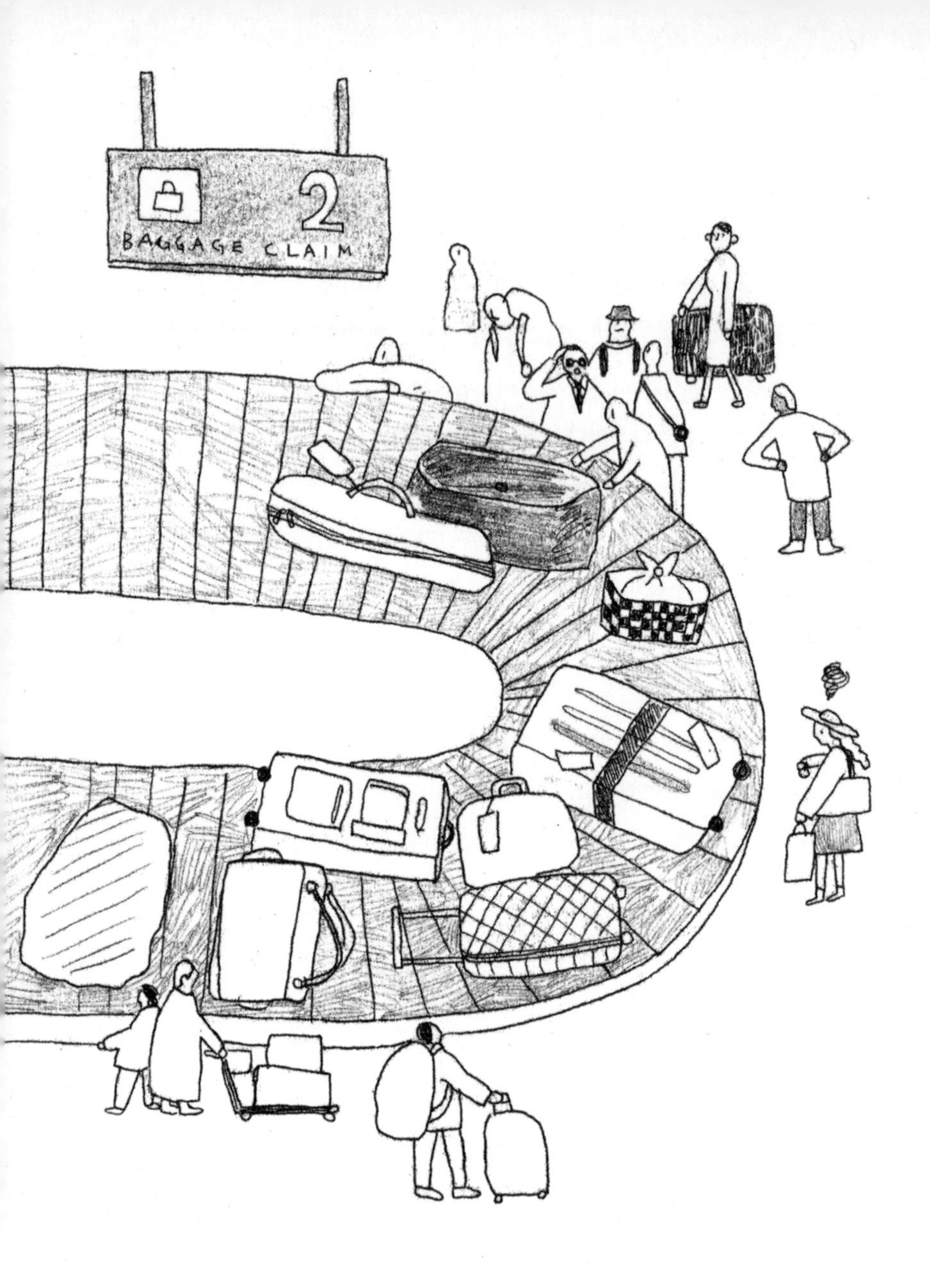
2
BAGGAGE CLAIM

"불가리아, 소피아행 맞습니까? 수하물이 없는데, 그것도 맞나요?"

"네, 부칠 짐은 없습니다."

Part 2

여행은 가볍게, 영혼은 무겁게

여행은 가볍게, 영혼은 무겁게

텔아비브, 이스라엘 。

텔아비브 공항은 아테네*Athens*의 어느 신전이 떠오를 만큼 웅장했다. 하늘처럼 넓은 천장을 받치고 선 기둥 사이로 점처럼 작은 사람들이 먼지처럼 이리저리 떠돌았다. 드르륵드르륵- 캐리어 끄는 소리가 공항 안을 헤매고, 수하물 찾는 곳을 알리는 화살표가 머리 위를 떠돈다.

예전 같았으면 수하물을 찾기 위해 걸음을 재촉했을 것이다. 하지만 지금 우리에겐 아무것도 없다. 물건과 무게에 대한 치열한 고민이 마침내 우리를 '수하물 찾는 곳*Baggage Claim Area*'으로부터 해방시켰기 때문이다.

배낭이 없다. 배낭에 눌리지 않은 자연스러운 모양의 어깨와 공허한 허리춤에서 풍선이 돋아난 듯 가벼웠다. 몸무게 0킬로그램의 해저 도시나 중력이 약한 봉긋한 달 표면에 도착한 듯 무게감을 상실해버렸다. 그래, 짐이 없다. 짭짤한 사해에 배처럼 두둥실 몸을 띄워, 물 위에서의 낮잠을 즐기는 듯한 환상적인 기분에 사로잡혔다. 롤러코스터의 안전 바가 내려오는 순간만큼 짜릿하고, 수박 서리를 하던 어린 날의 밤만큼 온몸이 들썩였다.

우리는 '최소한의 물건만 남은 여행 가방의 간소함이 삶의 복잡함을 이기고 새로운 질서를 부여할 것'이라는 장석주 시인의 말을 구호처럼 외치며 텔아비브 공항 검색대를 부드럽게 빠져나왔다.

가벼운 몸과 자유로운 팔다리를 휘적거리며 짐이 나오는 컨베이어 벨트 주변에 모인 사람들을 유유히 지나쳤다. 배낭이 언제 나올지 몰라 목을 쭉 빼고 컨베이어 벨트만 바라보던 지난날 우리 두 사람도 그곳에 있었던 것 같다.

모래 위에 지은 섬 아닌 섬, 텔아비브는 온통 노란색 건물로 가득했다. 구도심은 귀퉁이가 닳아 뭉툭해진 낡은 빌딩으로 북적였고, 오랜 건물들 사이로 현대적 디자인의 거대한 빌딩이 버섯처럼 돋아있었다. 그 옆으로 유대교 회당과 검은 옷을 입은 랍비*Rabbi*들이 보였다. 진짜 이스라엘에 온 것이다.

우리는 작은 버스 정류장에서 시내로 가는 버스 시간표를 바라보며, 숙소와 가까운 정류장 이름을 비교하고 있었다. 읽을 수도 없는 글자들을 이리저리 조합하며 암호를 해독하듯 골몰하고 있으니, 우리 옆을 서성이던 아주머니 한 분이 우리가 타야 할 버스를 찾아 알려주셨다. 그리고는 도움이 필요하면 주변에 있는 사람에게 언제든 도움을 청하라고, 누구든 나서서 당신을 도울 거라고 말했다.

그의 말처럼 텔아비브 사람들은 항상 친절하고, 도움이 필요한 누군가에게 반드시 먼저 손을 내밀었다. 에어비앤비 호스트가 혹시 길을 찾기 힘들거든, 주변 사람에게 휴대폰을 빌려 자신에게 꼭 전화하라고 당부한 것이 떠올랐다. 모든 사람들이 흔쾌히 전화를 빌려줄 것이라고 덧붙이던 그의 말은 사실이었다.

○

생각해보니 내가 이스라엘 사람들에게 도움을 받은 건 이번이 처음이 아니었다. 아주 오래전, 베트남에서 라오스로 가던 야간 버스에서 만난 스물두 살의 이스라엘 대학생이 나의 첫 은인이다. 베트남에서 사둔 간식을 도둑맞고 라오스 돈도 없어 꼬박 굶고 있던 내게, 그 친구는 자신의 음식과 라오스 돈 얼마를 내 손에 쥐여 주었다. 꼭 갚겠다며 숙소 주소라도 알려달라고 하니, 나 대신 다른 사람을 도우면 된다고 말하던 곱슬머리 친구. 당시 이스라엘 여행자들은 우르르 몰려다니며 동네가 떠나가라 떠드는 통에 여행자들 사이에서 평판이 썩 좋지 않았지만, 내게 이스라엘은 그로 인해 유달리 따뜻한 나라로 남았다.

○

오랜 시간이 흘러 도착한 텔아비브에서도 수많은 사람들의 관심과 도움으로 따뜻한 여행을 계속할 수 있었다. 늘 나서서 우리를 돕는 사람들 덕분에 글을 몰라도 길을 잃을 걱정이 없었다. 하지만 왜인지, 그들의 염려와 환대 속에서도 보이지 않는 가시가 손에 박힌 듯한 느낌을 지울 수 없었다.

우리는 텔아비브에 머무는 내내 긴 해변을 따라 걷고 또 걸었다. 숙소에 먼저 들러 배낭을 두고 나올 필요가 없었기 때문에 시간이 아주 많았다. 황금빛을 자랑하는 긴 해변가의 고운 모래는 밀가루처럼 부드러웠고, 1월에도 여름처럼 푸르게 빛나는 바다 위로 크고 작은 파도들이 쉼 없이 부서졌다. 서핑을 즐기는 젊은이들과 산책 나온 가족들, 비치 발리볼이나 세팍타크로*Sepaktakraw* 같은 스포츠를 즐기는 텔아비브 사람들이 해변을 가득 채웠다. 여유롭고 평화로웠다.

해변을 따라 1시간가량을 걸으면 텔아비브의 끝자락, 야파*Jaffa* 항구에 도착했다. 아주 오랜 옛날부터 성스러운 땅을 찾은 순례자들이 거쳐 가는 곳이었다. 야파 항구 주변은 텔아비브 중심지와는 전혀 다른 모습이다. 예루살렘*Jerusalem*만큼이나 긴 역사를 가진 이 고대 항구는 노랗게 반짝이는 해바라기처럼 빛바랜 건물로 가득했다. 낡은 항구 주변에는 오래된 창고를 개조해 만든 멋스러운 레스토랑이 많았다. 넓은 공간을 활용해 다양한 예술 작품을 전시한 아트 센터도 매력적이었다.

낡은 창고와 굵은 야자수, 바닷바람과 생선 냄새가 뒤섞인 항구를 지나면, 신의 환상을 목격하는 베드로 교회*Tel Aviv Jaffa Church*와 텔아비브를 한눈에 볼 수 있는 공원이 나온다. 히브리어로 '봄의 언덕'을 의미하는 이 도시의 이름처럼, 푸른 지중해와 마주하는 적당

한 온도의 바람이 따뜻한 봄을 연상케 했다. 언덕을 타고 흐르는 좁은 골목마다 작은 갤러리와 특성 있는 공방들이 숨어있어 지루할 틈이 없었다. 젊은 예술가들이 만드는 독특한 세계와 수천 년 전 사람들이 만들어낸 고대 항구의 세계가 좁은 골목을 사이에 두고 수없이 교차하고 있었다.

따뜻한 날씨와 높은 파도, 서핑을 즐기는 젊은이들과 두 명의 아빠가 표현하는 넘치는 사랑은 캘리포니아를 떠올리게 했다. 실핏줄처럼 얽힌 오래된 골목과 복잡한 시장의 막다른 길목들은 중동 어느 나라의 바자*Bazar*를 떠오르게 했다. 여러 개의 시공간이 교차하고 다양한 문명이 충돌하며 만들어진 블랙홀 같은 도시, 그곳의 사람들은 오늘도 요트 위에서 풍요로운 한나절을 보내고 있다.

우리는 이토록 넘치는 풍요와 아낌없는 사랑이 어리둥절했다. 진흙탕에 빠진 신발을 어찌 줄 모르고 바라보는 아이처럼 당황스러웠다. 하루 종일 해변에 앉아 고민해봐도 뾰족한 수가 없었다.

"다들 굉장히 행복해 보여. 작정이라도 한 것처럼 말이야. 삶의 질도 아주 높아 보이고. 그런데, 무언가 아주 비현실적이지 않아?"

"나도 그래. 박제된 것처럼 보이는 이 아름다운 화면은 과연 실제일까? 이들이 전하는 따뜻한 환대와 존중은 어디까지일까? 텔아비브에서 예루살렘에 이르는 수백 킬로까지? 그 안에 점선으로 나누어진 어떤 지역은 왜 이 크고 아름다운 화면에서 제외되어야 하는 걸까? 누군가는 이 화면 밖으로 나가야 하지 않을까?"

사막 한가운데 만들어진 푸른 수영장을 바라보며 이야기했다. 국토의 60프로가 사막이라 기본적인 물조차 얻기 힘들다는 이 척박한 땅에서, 대부분의 호텔은 수영을 즐기는 사람들로 넘친다. 수영장의 소독약 냄새가 바닷바람을 타고 우리 앞까지 흘러왔다. 막대한 자금과 기술력으로 사막을 이토록 풍요로운 오아시스로 만든 이스라엘이 대단하기도 하지만, 엄청난 물 소비량으로 매번 주변 국가에서 물을 수입하는 실정과 주변국들의 수자원까지 독점하여 극단적인 상황이 벌어지는 현실이 씁쓸하기도 했다. 얼마 전 뉴스에서 본 가자 지구*Gáza Stríp*의 물 부족 문제와 텔아비브의 수영장 물결이 묘하게 일그러지며, 손가락에 박힌 보이지 않는 가시가 따끔거렸다.

이스라엘이 팔레스타인 땅에 들어선 대재앙, 나크바*Nakba*(1948년 이스라엘이 독립을 선언하면서 팔레스타인 사람들이 추방당한 사건) 이후 70년 동안 숱한 전쟁과 분열이 이 땅에서 자라났다. 지도 위 점선으로 표시된 가자 지구에서는 지금도 테러와 공습이 멈추지 않는다. 매일 크고 작게 벌어지는 이곳의 테러와 전쟁의 잔상들, 잊히지 않는 사람들의 환대와 마음에 남는 젊은 군인들의 군화가 두서없이 마음속을 떠다녔다. 이스라엘에 머물며 내내 불편했던 마음의 가시들이었다. 이 땅 위에 존재하는 모든 사람들이 안전하게 일상을 영위할 수 없는가에 대한 고민, 암묵적 방조자와 의도적 방관자가 된 듯한 죄의식이 우리를 불편하게 한 것이다.

우리는 마음속에 부대끼는 사람들의 그림자와 보이지 않는 가시가 박힌 수영장을 떠올리며 이스라엘을 일찍 떠나기로 마음먹었다. 그리고 그날 저녁, 우리는 예루살렘에서 일어난 트럭 테러에 대해 듣게 되었다. 대형 트럭 한 대가 버스에서 막 내린 젊은 이스라엘 병사들을 향해 돌진한 사건이었다. 뉴스는 사망한 네 명의 군인이 모두 이십 대의 젊은 이스라엘 병사들이라고 전했다. 우리가 그날 예루살렘에 방문했더라면, 우리 여행은 전혀 다른 결말에 도달했을지도 모른다.

이스라엘과 팔레스타인 사이 어디쯤에서 우리는 여행의 목적에 대해 다시 생각해보았다. 우리는 왜 여행을 할까? 좋은 사진을 찍기 위해, 피곤한 일상으로부터의 탈출을 위해, 삶을 어떻게든 바꿔보기 위해, 모두 저마다의 이유와 결심으로 자기만의 여행을 떠난다. 그리고 여행을 하는 동안 우리 곁을 스쳐 가는 수많은 사고와 갈등을 목격하며 우리의 여행이 언제나 자기만의 것이 아님을 깨닫는다. 나의 여행이 이 세계와 얼마나 친밀한 것인지, 나의 삶이 이 세계의 수많은 사람들과 어떻게 연결되어 있는지 어렴풋이 짐작하게 된다.

누군가는 분쟁이 벌어지는 곳으로의 여행이 부당한 자의 손을 들어주는 것이라 비판하고, 누군가는 제삼자의 입장에서 이 사고가 몇 사람의 불행인지 측정하고 있을 테지만, 우리는 무라카미 하루키*Murakami Haruki*의 말을 믿어보는 쪽을 택했다. 하루키는 많은 이들의 반대에도 불구하고, 2009년 예루살렘상을 수상하기 위해 이스라엘을 방문했다. '오지 않는 것보다 오는 것을, 외면하기보다 무엇이든 보는 쪽을, 침묵하기보다 여러분에게 무언가 말을 건네는 쪽을 선택했다'라고 말하며.

우리 역시 무엇이든 보기 위해 여기까지 온 건 아닐까? 친절한 사람들의 미소와 흉터처럼 남은 지도 위의 불편한 점선, 그리고 우리가 행운처럼 비껴간 비극을 담담히 가슴에 담으며, 우리도 무엇에든 침묵하지 않고 누구에게든 말을 건네야겠다고 생각했다. 한 사람에게 던지는 질문 같은 글로, 말할 수 없는 것을 담는 사진으로, 그리고 새로운 실험이자 최소한의 윤리인 우리의 여행으로 더 많은 사람들에게 말을 걸고 싶다.

언제나 자기만의 것이 아닌 여행을 마음에 담고, 누군가의 *'죽음을 주머니에 넣은' 채 다시 떠날 준비를 한다. 주머니 속에 담긴 누군가의 불행이 편안한 우리 여행의 불편한 가시로 남기를 조심스럽게 바라본다. 손바닥에 박힌 가시처럼, 주머니에 넣은 불행처럼

* 찰스 부코스키, 《죽음을 주머니에 넣고》

남은 이 여행이, 오래전 배낭보다 무겁게 느껴진다. 그리고 마음먹는다. 여행은 가볍게, 영혼은 무겁게, 다시 길을 나서자고.

"난 소설 《호밀밭의 파수꾼》을 믿는 편이잖아."

"알지. 그래서 열일곱 살에도 안 읽었던 그 소설은 스물일곱 살에 읽었잖아, 내가."

"그러게.(웃음) '말을 하게 되면 모두 그리워질 테니, 누구에게든 아무 말도 하지 말라' 던 홀든 때문에, 난 열일곱 살 이후로 누구에게든, 무엇이든 말하는 것을 꽤 두려워했어. 오독이자 오해였지. 이스라엘을 떠나면서 우리가 보고 느낀 것, 그 사소한 여행의 출처들을 더 많은 사람과 나누고 싶어 졌어. 우리도 '가지 않는 것보다 가는 것을, 외면하기보다 무엇이든 보는 쪽을, 침묵하기보다 누군가에게 무언가 말을 건네는 쪽'을 선택하자."

"그래. 꼭 그러자."

배낭 없는 용의자 둘

빌뉴스, 리투아니아 ◦

구글에서 운영하는 스타트업 지원 공간을 '구글 캠퍼스*Google Campus*'라고 부른다. 창업을 준비하는 사람들이 모여 커뮤니티를 형성하고, 짧은 세미나부터 집중적인 창업 지원 프로그램까지 젊은 창업가들을 위한 다양한 프로그램이 준비된 복합공간이다. (놀랍게도) 서울을 포함한 세계 곳곳에 이 캠퍼스가 있다. 독일 베를린, 영국 런던, 스페인 마드리드, 폴란드 바르샤바를 포함해 브라질 상파울루, 그리고 여기, 이스라엘 텔아비브에 그 캠퍼스가 있다. (더욱 놀랍게도) K는 이 캠퍼스 중 서울과 런던, 마드리드, 바르샤바 지점을 직접 방문했다. 폴란드의 바르샤바 지점은 무려 크라쿠프*Krakow*에서 당일치기로 다녀왔다. (새벽 6시부터 구글 캠퍼스를 간다고 어찌나 부산을 떠는지, 앞집 아주머니도 일어나셔서 배웅해줄 뻔했다.) 그런 K가 텔아비브에서 구글 캠퍼스를 가지 않을 리가. 내가 이스라엘에 가자고 했을 때부터 그 애는 오직 구글 캠퍼스에 방문할 순간만을 기다렸다.

우리는 텔아비브 시내가 훤히 내려다보이는 전망 좋은 캠퍼스를 돌아보며 젊은 창업가가 된 기분을 만끽했다. 간단하게 캠퍼스 소개를 받은 후 구글 기념품 몇 개를 선물로 받았다. 텔아비브 구글 캠퍼스의 안내자는 K가 서울, 런던, 마드리드, 바르샤바 캠퍼스를 모두 방문했다는 이야기를 듣고 약간 충격을 받은 표정을 지었다. 그리고 남은 상파울루와 새로 생길 베를린 지점도 꼭 방문하길 바란다며 응원해주었다. K는 새 미션을 받은 톰 크루즈처럼 의기양양한 표정을 지었다. 나는 K가 당장 브라질에 가자고 할까 봐 살짝 겁이 났다.

이스라엘에서는 매년 1,400개의 스타트업이 창업한다. 인구 800만의 작은 국가지만 인구당 창업 비율이 가장 높은 나라로 알려져 있고, 세계에서는 미국의 실리콘 밸리 다음으로 스타트업이 많은 나라라고 한다. 다양한 기업들의 투자가 끊이지 않고, 열정 넘치는 젊은 창업가들이 텔아비브로 모여든다.

우리가 텔아비브에 머물며 만난 에어비앤비 호스트 또한 이스라엘의 한 스타트업에서 일하는 젊은이였다. 벌어지는 일들을 주워 담기에도 24시간이 빠듯한 스타트업 멤버답게, 우리는 집 안에서도 도통 그와 마주칠 일이 없었다. 개수대에 잔뜩 쌓여있는 설거지

더미에서 조심스레 깨끗한 컵을 뒤지고, 미처 널지 못해 화석이 되어 버린 빨래 무덤에서 멀쩡해 보이는 양말을 발굴하는 그의 뒤통수를 그저 안쓰럽게 지켜볼 뿐이었다.

이스라엘을 떠나는 마지막 날, 우리는 운 좋게 그와 마주칠 수 있었다. 일찍 떠나는 아쉬움에 마지막 인사를 나누려 하자, 그는 짧은 인터뷰가 곧 마무리된다며 잠시만 기다려 달라고 부탁했다. 화상 통화로 진행되는 인터뷰 상대는 (무려) 페이스북이었다. 심층 면접 전에 진행되는 간단한 인터뷰라고 했다. 이번 인터뷰에서 긍정적인 결과가 나온다면 곧 런던에서 열리는 최종 면접에 참여할 수 있다고 한다.

"페이스북이라니. 대단하다! 지구상의 모든 젊은이들이 취직하고 싶어 하는 기업 아니겠어?"

"뭐, 아마도? 난 그저 이스라엘 밖에서 일해보고 싶을 뿐이야. 물론 이스라엘을 사랑해. 내가 태어나고 자란 곳이니까. 고립되어 있지만, 그 어느 도시보다 자유롭게, 다양한 사람들을 만날 수 있지. 하지만 여긴 분쟁 지역이야. 전쟁 중이지. 그게 아마 한국과의 공통점 아니겠어? 하하. 너희들도 알겠지만, 살다 보면 무감해지잖아. 옆에서 사람이 죽어 나가고 뒤뜰에 포탄이 떨어지는데 그저 식사 시간처럼 익숙해지는 거지. 어쩔 수 없을지도 몰라. 이곳의 사람들도 평범한 일상을 견뎌야 하니까. 약간 복잡하지만 이곳에 살고 싶기도 하고, 살고 싶지 않기도 해. 어쨌든 한 번은 여기가 아닌 곳에 살아보고 싶었어. 언젠가 돌아오겠지. 너희들도 그런 마음으로 여행하는 거 아니야? 언젠가 돌아가기 위해서 말이야."

고개를 끄덕였다. 짧은 기간이었지만 우리도 마찬가지였다. 이스라엘에서 일어나는 무시무시한 소식들에 점점 무감해지는 게 겁이 났다. 그리고 우리가 떠나온 나라를 떠올렸다. 내가 나고 자란 시골길과 처음 한글을 배우며 외웠던 노래 가사, 소중한 가족과 친구들이 살아가는 집, 평범한 일상의 힘으로 무언가를 끊임없이 이겨내는 수많은 사람들. 헤밍웨이*Ernest Hemingway*는 말했다. '카페테라스에 앉아 와인을 마시다가 총에 맞아 죽는다고 해도, 난 다시 카페에 가 앉는 걸 포기하지 않겠다'고. 결국 무너지지 않는 일상의 힘, 가능한 최대치의 평범한 하루가 힘겨운 우리 삶을 이어가게 하는 힘이 아닐까?

우리가 여행하는 이유도 언젠가 돌아가 흔들리지 않는 일상을 만들기 위해서이다. 세상을 기웃거리며 몰래 훔쳐본 소리들을 주머니에 차곡차곡 담아, 더 나은 일상을 만들고, 어쩌면 더 나은 세상의 한 조각이 되어보기 위해서. 지난밤 우리의 다짐을 다시 한 번 다잡는다. 이 여행이 언제나 우리만의 것이 아니길. 주머니에 담긴 텔아비브의 불행이 편안한 우리 여행의 불편한 증거로 남아, 여행은 가볍게, 영혼은 무겁게 집으로 돌아가길.

공항에 가기 위해서는 버스를 타고 시내로 이동한 뒤, 다시 열차로 갈아타야 한다. 그런데 우리가 타야 할 번호의 버스가 낯설었다. 도착한 버스를 보니, 첫날 우리가 공항에서 타고 왔던 버스와는 전혀 다른 모양새였다. 작은 봉고차를 개조해 만든 미니 버스였는데 아무래도 짧은 구간을 여러 번 운영하는 사설 버스처럼 보였다.

좁은 버스에 올라 일단 자리에 앉았다. 워낙 차체가 흔들려서 있기도 힘들었다. 우리는 버스 안 사람들이 어떻게 요금을 내는지 곁눈질로 살폈다. 요금은 앞사람에게서 앞사람으로 전달되고 있었다. 버스 기사님의 거스름돈 역시 차례로 전달되었다. 서로의 손에서 손으로 동전이 전해지는 느낌이 악수처럼 정겨웠다.

꽤 귀여운 요금 시스템과 달리, 버스는 엄청난 굉음을 내며 믿을 수 없이 빠른 속도로 시내를 내 달렸다. 과속으로 비행하는 오토바이 뒷좌석에 타고 있는 기분마저 들었다. 정류장에 설 때마다 어찌나 과격하게 급정거를 하는지 버스에 오른 지 5분 만에 멀미가 올라왔다. 더욱 기가 막힌 건 마땅한 정류장 없이 승객을 태우고 내린다는 점이었다. 운전사와 눈이 마주치는 그곳이 곧 정류장이다. 사고가 난 것처럼 급정거한 정류장에서 재빨리 타고 내리지 않으면 버스는 가차 없이 출발한다. 자비란 없다.

한 정류장에서 커플이 버스에 오르려고 준비 중이었다. 그런데 버스 기사가 남자 뒤에 서 있던 여자를 미처 보지 못한 모양이다. 남자만 버스에 올랐는데 버스가 불같은 화력을 내뿜으며 출발했다. 버스를 뒤쫓아오던 그의 표정을 잊을 수가 없다. 남자는 약간 항의를 하다가 체념한 표정으로 다음 정류장에서 내렸다. 그런데 그게 정말 어쩔 수 없는 일인가? 우리는 손에 땀을 쥐며 정류장을 놓칠세라 긴장한 채 대기했다. 내려야 할 정류장에선 둘이 손을 꼭 잡고 번지점프를 하듯 버스에서 뛰어내렸다. 그리고는 수고했다며 서로의 등을 토닥였다. 잠깐만. 그런데 버스를 타고 내리는 게 이토록 수고할 일이야? 텔아비브는 정말 알다가도 모를 곳이다.

스릴 가득한 버스 모험 끝에 도착한 공항은 며칠 전보다 한층 딱딱한 분위기를 풍겼다. 예루살렘에서 일어난 트럭 테러 때문에 공항 경비가 한층 삼엄해진 탓이다. 부칠 짐이 없었던 우리는 바로 출국장에 들어갈 참이었다. 출국장으로 들어가려 하니, 짐이 없어도 사전에 안전 체크는 해야 한다며 공항 직원이 우리를 다른 줄로 안내했다.

우리는 사람들 틈에 섞여서 '안전 체크'라는 이름의 심사를 기다렸다. 긴 줄에는 몇 명의 무슬림과 처음 보는 신기한 모양의 여권을 가진 사람들이 있었다. 여권 사진과 생김새가 달라 보이는 한 남성은 30분이 넘도록 똑같은 질문을 반복적으로 받았다. 그리고 그를 포함한 몇몇 사람들이 전염병에 걸린 소설 속 주인공처럼 구석으로 격리되었다.

갑작스러운 불길함이 공항 주변을 끊임없이 기웃거리는 사이, 드디어 우리 차례가 왔다. 잔뜩 긴장한 얼굴로 공항 직원을 마주하며 우리는 부디 '감염되지 않았다'는 진단이 나오길 바랐다. 공항 직원은 딱딱한 말투로 얼마나 여행을 했는지, 왜 짐이 이것뿐인지, 이스라엘에는 무슨 목적으로 왔는지, 리투아니아 빌뉴스*Vilnius*에는 대체 왜 가는지 반복해서 물었다. 한국의 가족 관계부터 얼마나 오랫동안 함께 여행했는지, 이전의 연애사와 심지어 동거 여부까지 치밀하게 물었다. 그게 왜 필요한 질문인지 의심하고 생각할 여유조차 없었다. 공항 직원은 어디론가 비밀 작전을 지시하듯 무전을 치더니, 잠시 대기하라고 했다. 우리는 여권 사진과 다르게 생겼다고 격리된 그 남자와 함께 무리에서 낙오되었다. '감염'이었다.

짐이 없다는 게 테러리스트로 의심할만한 사항인지, 낯선 여행 경로와 불길한 색의 여권을 가졌다는 것만으로 잠재적 용의자가 되어야 하는지 의문이 들었지만, 우리는 잠자코 다음 검사를 기다렸다.

얼마쯤 지나자 사자도 우습게 때려눕힐 다부진 눈빛의 직원이 등장했다. 더 높은 위치의 직원은 각 잡힌 말투로 우리를 몰아붙

이며 다시 질문했다. 방금 전과 동일한 질문을 하며 우리가 이전에 답한 내용과 맞는지 대조하는 듯했다. 우리는 수십 번에 걸쳐 같은 답을 반복했다. 왜 짐이 없는지, 얼마나 길게 연애했는지와 같은 이상하고 긴 조서를 꾸며야 했다. 공항 관계자는 우리가 왜 짐이 없는지에 대해 집중적으로 물었다. 한국에서 왔는데 어째서 짐은 암스테르담에 있고, 달랑 가방 하나만 들고 왜 리투아니아라는 이름도 생소한 목적지로 떠나는지 도무지 이해할 수 없다는 눈빛이었다.

이스라엘에서 받은 선물이 있느냐는 질문에 우리는 구글 캠퍼스에서 받은 인형을 보여주었다. 이번에는 그게 문제였다. 누구에게 받은 선물인지, 사전에 받기로 예정되었던 것인지, 누군가에게 전달할 의도가 있는지 끝없는 질문 공세가 다시 시작되었다. 방문 기념으로 받은 초록색 구글 인형을 만지작거리며 우리는 순수하게 구글을 사랑해서 그곳에 방문한 것이라고, 서울에 있는 캠퍼스와 마드리드, 바르샤바에도 다녀온 구글 덕후라며 애절한 눈빛으로 호소했다. (구글 CEO도 그런 표정을 짓지 못할 거다. 정말로.)

배낭 없는 용의자 둘은 반복적인 질문 끝에 간신히 출국장에 입성할 수 있었다. 끝이 보이지 않는 캄캄한 동굴을 통과한 기분이었다. 수염을 길게 기른 남성과 함께 격리동을 빠져나오며 쓰게 웃었다. 짐 없는 여행자와 수염을 기른 무슬림이라는 건 이 세상에서 어떤 의미일까? 편견으로 바라보는 시선의 불편함, 어딘가 다른 사람들을 향한 묘한 그들의 경계심이 우리를 마구 헤집었다. 수염을 기른 남성과 짧은 악수를 나누며 서로의 안전한 여행을 빌어주었다.

우여곡절 끝에 도착한 빌뉴스 공항은 어느 소도시의 시외버스 터미널이 떠오를 만큼 아담했다. 에스토니아의 탈린과 불가리아의 소피아를 오가는 항로들이 복잡하게 얽혀있는 이 공항은, 유럽의 저가 항공들이 잠시 들렀다 가는 휴게소 같았다.

창밖으로 온통 흰 눈이 덮인 도로와 어깨 위에 소복이 눈을 얹은 사람들의 발걸음이 보였다. 두툼한 그들의 겉옷을 보니 우리가 겨울에 들어섰음이 실감 났다. 어둑어둑한 하늘 아래 하얀 눈꽃이 활짝 핀 나무들, 우리는 아주 환하고 긴 밤을 통과했다.

빌뉴스에는 재미있는 마을이 있다. 예술인들의 공동체라고 불리는 '우주피스 공화국*Republic of Užupis*'이 바로 그곳이다. 1997년 4월, 리투아니아의 예술인들이 모여 조성한 예술 공간이자 그들만의 독특한 나라이다. 우주피스는 '강 건넛마을'이라는 뜻이다. 당시 빌뉴스 시내의 작은 강 건너편에는 유대인 주민들을 위한 게토*Ghetto*와 소련 해체 후 방치된 빈집들이 모여 있었다고 한다. 그 지역에 예술가들이 모여 살며 그들만의 공화국을 선포한 것이 마을의 시작이었다. 예술가들의 작업실과 독특한 아틀리에들이 모여있어 가볼 만한 여행지로 뽑히지만, 이 마을이 특별한 건 이들이 비공식적으로 공화국을 선포하고 그들만의 헌법을 만들었기 때문이다. 독립 기념일인 4월 1일에는 반드시 여권을 제시해야 입장할 수 있다고 하니, 참 재미있는 동네이다.

마을 한 편에 적혀있던 그들의 헌법을 한참 동안 읽었다. '모든 사람들은 독특할 권리가 있으며, 실수할 권리와 게으를 권리가 있다. 행복할 권리와 행복하지 않을 권리가 있으며, 누구나 울 권리가 있다. 그리고 마지막으로 누구든, 무엇이든 포기하지 말라'는 글이다.

우리는 그 헌법을 읽으며 위로받는 기분이었다. 여러 문장들이 우리의 등을 다독이며 조금 다르게 살아도 괜찮다고, 시도 때도 없이 눈물이 나와도 괜찮다고 위로하는 듯 했다. 우리는 우주피스 공화국 어딘가에 앉아 우리만의 헌법을 만들어보기로 했다. 제 일조 일항은 무엇으로 해야 할까?

"흐음. 우리는 xxx xx xx 자유가 있다!"

"삐이- 그건 안 돼. 방송 불가야. 비방용은 안 된다 치고, 다시."

"검열이냐."

"그건 아닌데, 하여간 안 된다고 치고. (웃음)"

"음— 그렇다면, '모든 사람은 스무 가지 이상의 물건을 갖지 않을 권리'가 있다."

"좋네. 거기다 덧붙이자. 모든 사람은 의심받지 않아야 한다."

"그래. 물건이 없다는 이유로, 남들과 다르게 여행한다는 이유로 의심받았던 텔아비브 공항, 잊지 말자."

우산이 없어도 괜찮아

바리, 이탈리아 ◦

어제는 영상 15도를 웃돌던 텔아비브에서 게으른 오후를, 오늘은 눈이 펑펑 내리는 영하 15도의 빌뉴스에서 바쁜 아침을 맞는다. 계절과 계절을 오가는 이 여행이 낱말 퍼즐처럼 재밌고 설레었다. 파도를 기다리는 서퍼들이 가득한 황금빛 해변의 도시에서, 두툼한 털모자를 쓰고 하얀 눈밭 위를 살금살금 걷는 북유럽의 도시까지, 우리 여행이 오가는 넓은 폭이 새삼 실감 났기 때문이다. 계절과 계절을 오가고, 시대와 시대를 넘나드는 여행, 그리고 이 여행을 통해 어제의 나와 내일의 나를 조심스레 이어가는 일, 그야말로 은밀하고도 위대한 진폭의 여행이다. 어쩌면 한층 가벼워진 가방 덕분에 가능해진 일이 아닐까? 빌뉴스 거리를 나서는 발걸음에 힘이 넘쳤다.

그동안 우리가 접해 온 리투아니아*Lithuania*는 굉장히 단편적인 이미지였다. 영화 〈양들의 침묵〉의 주인공 한니발 렉터의 고향이 리투아니아였으니 왠지 음침하고 스산한 분위기의 리투아니아를 상상하는 게 절대 우연이 아니다. 하지만 부정적이었던 우리의 예상과 달리 빌뉴스는 고풍스럽고 운치 있으며, 꽤 아늑한 도시였다. 특히 빌뉴스의 구시가지는 유네스코 세계 문화유산으로 등재되었을 만큼 아름다운 건축물과 볼거리로 가득하다. 발트 삼국에 포함되는 나머지 2개의 국가, 에스토니아와 라트비아보다 앞서서 기독교를 받아들인 덕에 유독 아름다운 성당들이 많기로도 유명하다. 빌뉴스의 구시가지는 새벽의 문*Gate of the Dawn*에서 시작된다. 웅장한 대문처럼 만들어진 건축물을 지나면 필리에스 대로를 중심으로 화려한 양식의 건물들이 늘어서 있는데, 바로 그 끝에 웅장함을 내뿜는 아름다운 빌뉴스 대성당*Vilnius Cathedral*이 있다. 빌뉴스에서 아름답기로 손꼽히는 또 다른 건축물은 바로 성 안나 교회*Church of the St. Anne*이다. 1051년에 지어진 최고의 고딕 양식 건축물인 성안나 교회는 나폴레옹이 '손바닥에 얹어 파리로 가져 가고 싶다'고 했을 정도로 유명하다.

아름다운 건축물들을 보며 빌뉴스 구시가지의 매력을 마음껏 누려야 마땅하나, 나는 온통 얼음판인 도심 속을 걸으며 금방 시무룩해졌다. 도저히, 영하 18도의 추위를 견뎌낼 방법이 없었기 때문이다. 우리는 거리를 걷다가 꽁꽁 얼어붙은 손을 붙잡고 30분에 한 번씩 카페를 찾아 들어갔다. 30분에 한 번씩 따뜻한 커피를 주유하지 않으면 도저히 나의 다리가 작동하지 않았으니까. 몸이 폐차 직전까지 얼어붙은 낡은 자동차처럼 느껴졌다.

체감 온도 영하 18도. 우리가 도착한 날은 때마침 한파가 불어닥친 날이었다. 몰아치는 눈바람 덕에 실제 온도보다 체감 온도가 훨씬 더 낮았다. 사람들은 두꺼운 패딩 점퍼를 목 끝까지 채우고 털모자를 쓴 채 종종걸음으로 바삐 걸었다. 매일 어찌나 눈이 쏟아지는지, 숙소 주변에 있는 커다란 언덕은 아이들의 눈썰매장으로 변했다. 아이들은 도시 한복판에서 썰매를 타며 겨울을 보내고 있었다.

추위를 견디지 못하고 가지고 있는 옷을 전부 꺼내 입었지만, 끊임없이 내리는 눈과 영하의 추위에 속수무책으로 무너졌다. 우리가 가진 가벼운 살림살이들은 일상에 꼭 필요한 것들로만 꾸려졌기 때문에, 날씨가 조금이라도 추워지면 마땅히 대응할 방법이 없었다. 껴입을 수 있는 옷은 한정적이고, 가방이 작으니 춥다고 옷을 더 살 수도 없는 노릇이다.

"이렇게 추운 줄 알았으면 리투아니아에 오지 않았을 거야. (덜덜덜) 아, 이런 것이 불행인가. '불행'이라는 단어는 '영하 18도에 따뜻한 옷을 입을 수 없다'는 뜻이거나, '함박눈에 머리가 젖어서 얼어붙은 상태'를 뜻할 거야."

세 번째 카페에 주저앉아, 프라이팬 위에서 녹아내리는 버터 같은 몸을 겨우 추슬렀다. 아무래도 재정비를 위해 숙소에 들러야 할 것 같았다. 예약해둔 에어비앤비 숙소로 가기 위해 눈이 잔뜩 쌓인 작은 정류장에서 버스를 기다렸다. 버스는 예상보다 훨씬 늦게 도착했다. 귀가 떨어져 나갈 것 같은 찬바람에 거북이처럼 목을 집어넣고, 가끔씩 내 귀가 제대로 붙어있는지 확인했다. 추위에 떨다 불행하게 끝나버릴 빌뉴스 여행을 추모하며 숙소에 도착했다. 도착한 숙소에는 예정보다 늦은 우리를 기다려준 호스트, 에릭이 있었다.

"반가워! 아름다운 빌뉴스에 온 것을 환영해!"

"아름답..겠지? 정말 미안해. 아름다운 걸 보고 듣기에는 오는 길이 너무 추웠어!"

"머리카락까지 다 얼었네. 너희들 짐이 없어서 그런지 옷이 너무 얇다. 내 옷과 모자를 좀 빌려줄게. 그리고 내일도 눈이 오면 집 앞에서 꼭 썰매를 타봐!"

에릭은 빌뉴스의 눈 내린 풍경이 어느 때보다도 아름답다고 말하며, 자신의 털모자와 두툼한 점퍼를 들고 다시 우리를 찾아왔다. 그가 쓰던 모자와 두툼한 외투를 받아 들며 우리는 따뜻한 그의 체온도 같이 챙겨 입었다.

우리는 에릭의 털모자를 쓴 채로 잔뜩 눈을 맞으며 빌뉴스의 겨울을 제대로 즐겼다. 다시 만난 빌뉴스의 구도심과 천천히 흩날리는 눈송이는 정말 예뻤다. 얼어붙은 강물 위로, 손님 없는 허름한 식당 위로, 그림처럼 느리게 걷는 할머니의 머리 위로 공평하고 일정하게, 소리 없이 내렸다. 에릭의 털모자가 아니었다면 느낄 수 없었던 포근한 눈송이였다. 우리는 전보다 따뜻한 차림과 마음으로 빌뉴스를 걸었다. 그리고 곧 따뜻한 이탈리아 남부로 떠날 생각에 한참 들떠있었다. 애석하게도 우리를 괴롭히던 추위는 빌뉴스에서 끝나지 않았지만.

다음 날 아침, 우리는 부푼 마음으로 빌뉴스 공항에 도착했다. 공항은 명절을 앞둔 시장처럼 북적였다. 물건을 사기 위해 아우성치는 사람들 틈에 서서 잠깐 정신이 혼미해졌다. 사람들이 많다고 해도 아무렴, 리투아니아 빌뉴스에서 이탈리아 바리*Bari*로 가는 사람들이 얼마나 많을까 싶었는데 흰 눈을 어깨 위에 소복하게 얹은 수많은 사람들이 따뜻한 남쪽 나라로 가기 위해 길게 줄을 서 있었다.

간신히 이성의 끝을 다잡고 긴 줄의 꼬리를 찾아 헤맸다. 열 명의 사람에게 당신이 이 줄의 마지막인지를 물었을 무렵 제대로 된 줄에 합류할 수가 있었다. 겨울만 남은 나라를 떠나는 듯한 사람들의 표정이 겨울밤 군고구마처럼 따뜻하고 달큼했다. 영하의 기온에,

내내 눈이 내리던 빌뉴스를 떠나 우리는 이름에서도 햇살의 온기가 느껴지는 이탈리아로 간다. 그래, 어쩌면 이 사람들 모두, 두툼한 옷이 부족해 따뜻한 남쪽으로 이동하는 미니멀 여행자일지도 모르지! 아무렴!

짧은 비행 끝에 비행기가 아드리아해*Adriatic Sea*를 마주한 이탈리아의 남부 도시, 바리에 착륙했다. 공항을 나오자마자 보이는 대형 파스타 광고판을 보니 비로소 이탈리아에 도착했음이 실감났다. 하지만 불행하게도, 따뜻한 봄을 맞이하리라 기대에 부풀었던 이탈리아 남부는 쌀쌀맞고 변덕스러운 날씨로 우리를 괴롭혔다. 하루에도 몇 번씩 거세게 쏟아지는 비는 황홀한 아드리아 해안을 장마철 동해 바다로 만들었고, 비에 젖은 축축한 바닷바람은 두툼한 패딩 점퍼를 떠올리게 할 만큼 매서웠다. 저 멀리 따뜻하게 익어가는 파스타 면이 '저런, 가엽구나'라며 안쓰럽게 우리를 응시하고 있었다. 불행이 다시 시작되고 있었다.

내내 비를 맞으며 바리 시내를 구석구석 걸어 다녔지만, 눈에 띄는 특별함을 찾을 수 없었다. 아마 비에 젖어 흐물거리느라 도시의 매력을 탐구할 여력이 없었는지도 모른다. 지금도 바리를 떠올리면 축축한 신발과 냄새나는 양말을 낡은 라디에이터 위에 올려놓던 우울한 밤만 떠오르니까. 이러다 우리 몸이 커다란 물방울로 변하겠다는 착각마저 들 무렵, 우리는 고심 끝에 이탈리아 남부 여행의 대명사, 살레르노*Salerno*로 이동하기로 결정했다. 들이치는 햇살에 눈이 부신 이탈리아의 바다를 꼭 보고 싶었기 때문이다. 하지만 큰마음을 먹고 찾아간 살레르노와 몇 번의 버스를 갈아타고 들른 포지타노*Positano*도 매한가지였다. 우리는 내내 쏟아지는 폭우를 피하느라 비 피하기 적당한 처마를 찾기에 바빴고, 아름다운 아말피*Amalfi* 해안을 즐기기는커녕 비수기라 온통 문을 닫은 가게들 틈에서 제때 끼니를 챙기기도 어려웠다.

"그럼 그렇지. 내가 수학여행 갈 때마다 비가 왔던 사람이에요. (덜덜덜) 아무래도 불행이라는 단어의 뜻을 고쳐야겠어. '불행'은 '이탈리아 남부에서 푸른 바다를 볼 수 없다'라거나, '비를 맞으며 오지 않는 버스를 기다린다'는 뜻이야."

매일 비에 홀딱 젖어 숙소로 돌아올 때마다 주인집 할머니는 우리의 젖은 어깨를 다독여주었다. 실망한 우리의 표정이 마음에 걸리신 모양이다. 멀리 한국에서 온 두 여행자가 비 맞은 생쥐 꼴로 돌아다니는 게 안쓰러워, 할머니는 늘 두꺼운 외투와 우산을 내어주셨다. 그리고 우리가 돌아올 즈음에 맞춰 따뜻한 커피를 미리 내려두곤 하셨다. 우리가 따뜻한 커피를 한 모금 마시며 축축한 몸을 바짝 말릴 수 있도록.

돌이켜보면 추위에 덜덜 떨며 정말이지 이 여행을 그만두고 싶었다. 가볍게 여행하는 일이 아주 작은 변수 하나에도 푹 꺼져버릴 엉성한 모래성처럼 허무하게 느껴졌다. 날씨에 쫓겨 다니며 여행을 망치는 기분에 성질이 나기도 했다. 그럼에도 불구하고 우리가 계속 여행할 수 있었던 건 빌뉴스에서 자신의 털모자를 선뜻 빌려준 에릭, 비가 오는 오후면 우산을 빌려주던 살레르노의 할머니 덕분이다. 온갖 날씨의 구박에 시무룩해져 돌아오는 우리를 따뜻하게 맞아주는 사람들이 가르쳐준 새로운 여행의 즐거움 덕분이다.

비 때문에 청량한 아말피 해변을 보지 못했지만, 살레르노에서 우리는 참 즐거웠다. 할머니와 베란다를 활짝 열고 리듬감 넘치는 빗소리를 들으며 진한 커피를 마셨다. 흠뻑 젖은 공기 냄새를 맡으며, 직접 만든 무화과잼과 레몬차를 나누며, 무지개가 뜨기를 함께 기다렸다. 빗방울이 약할 때에는 할머니와 비를 맞으며 시장에 다녀오기도 했다. 살레르노에서 일주일이 다 지나갈 무렵에는 비가 와도 우산을 들고나가지 않았다.

"여행 중에 비가 와서 속상하지? 그럴 필요 없어. 비가 와야만 생기는 더 멋진 일도 많아, 저 무지개처럼."

할머니는 여행도, 인생도 가끔 우리가 어쩔 수 없는 것이 있다고 하셨다. 하지만 그런 상황 속에서도 얼마든지 우리가 발견할 수 있는 즐거움이 있다고도 하셨다. 무지개는 비가 내려야만 볼 수 있다고 덧붙이시면서.

할머니의 말씀을 들으며 우리는 지난 여행을 떠올렸다. 1년 전 여행을 처음 떠나올 때, 우리는 온갖 기능성이 두루 포진된 강력한 등산복을 입고 있었다. '그래, 이 옷과 함께라면 무엇도 두렵지 않아!'라며 의기양양했다. 빨간 슈트를 장착하고 자신만만한 표정을 지어 보이는 토니 스타크처럼, 우리는 초 기능성 등산 바지의 찍찍이를 보란 듯이 펄럭거렸다. 그뿐인가? 옷이 이미 최강 방수인

데도 커다란 배낭 안에는 기능성 우비, 삼 단 접이식 우산까지 넣고 다녔다. 물에 젖으면 정체가 탄로 날 인어도 아니었는데 뭐가 그리 두려웠는지 모르겠다.

여행을 떠나기 전에는 더 가관이었다. 비가 조금만 내려도 얼른 우산을 사기 위해 편의점으로 내달렸다. 잠깐 내리다 그칠 비, 약하게 흩날리는 눈발도 그렇게 신경질이 나서 견딜 수 없었다. '어디 한번 해보자는 거야?!'라는 마음으로, 퍼붓는 비와 한판 붙을 기세로, 편의점으로 달려가 일회용 우산을 사고야 말았다. 그렇게 쓰고 버린 일회용 우산이 내 방을 가득 채우고도 남았다.

지금 돌이켜보면 내가 참을 수 없었던 건 내리는 비가 아니었다. 내가 한판 붙고 싶은 것도 부슬부슬 흩날리는 눈은 아니었다. 시시하게만 보이는 나의 일상과 정답이 아닌 것 같은 나의 삶, 그렇게 느끼면서도 다른 사람들의 시선 때문에 어쩌지 못하고 순응하는 나 자신을 견딜 수 없었던 것 같다. 그 참을 수 없음을 나는 물건을 소유하는 것으로 해결하려 안간힘을 썼다. 내가 스스로 결정하고 능동적인 순간은 '내 삶이 틀렸다, 우리 모두 엉뚱해질 필요가 있다'라고 고백하는 순간이 아니라, 그저 일회용 우산을 살 때뿐이었으니까. '비에 젖지 않으리, 실패하지 않으리, 불행하지 않으리'라고 되뇌이며 나는 새장 속에 살기를 원했으니까. 비가 오지 않으면 마른땅은 사막이 되고, 무지개를 영영 볼 수 없는데도 감히 새장 밖으로 나갈 마음을 먹지 못했으니까.

우리는 이제 우산이 없어도 비가 오면 반갑고, 신발이 젖어도 눈이 오면 기쁘다. 짐 없이 여행하면서 비로소 비를 맞고 눈을 맞는 법을 알게 된 것 같다. 우산에 우비까지 챙겨 다니며 비를 맞지 않기 위해 만발의 준비를 하던 때에는 모르던 즐거움이다. 어쩌면 짐이 없는 지금에 이르러서야 비를 맞아도 즐거운 여행을 하고 있는지 모르겠다. 비를 맞지 않으려, 실패하지 않으려 안간힘을 쓰며 무엇이든 소유하는데 급급했던 나였는데, 이제 옷이 젖어도 즐거운, 매일 실패해도 덤덤한, 보다 자유로운 사람이 된 것 같다.

앞으로도 우리는 우산이 없어도 즐거운, 비를 맞아도 괜찮은 여행을 하고 싶다. 그리고 우산을 사지 않아도, 무언가 소유하지 않아도 괜찮은 삶을 살고 싶다. 물건이라는 덫에 빠져 허우적대지 않고, 무엇을 살 것인지 결정하는 자유 대신, 어떻게 살 것인지를 결정하는 자유를 누리고 싶다. 그러다 신발이 비에 흠뻑 젖고, 자주 길을 잃고, 혼자만 다른 트랙을 달리느라 외롭고, 빨간 펜으로 실패만 줄줄이 늘어놓게 되더라도 괜찮다. 비 오는 날의 비정한 정서와 눈이 보내는 눅눅한 그리움을 고스란히 이해할 수 있고, 손님이 없어 파리만 날리는 노천극장이어도 내가 주인공인 극을 올릴 수 있다면, 꽤 괜찮은 인생이 되지 않을까?

바위 위에 빈틈없이 붙은 따개비처럼 거대한 절벽을 감싼 형형색색의 건물과 푸른 바다가 절묘하게 어우러진 포지타노는 명성만큼 아름다웠다. 겨울이라 마을 뒤로 솟은 높은 산마루에 흰 눈이 쌓였다. 그 눈이 낯선 풍경을 더욱 이국적으로 만들었다. 좁은 골목을 누비다 잠시 걸터앉은 계단에 빗방울이 떨어지기 시작했다. 먼 바다에서 몰려오는 먹구름이 이제 친숙하다. 똑똑똑- 한 방울씩 떨어지는 빗방울을 손에 담으며, 우리는 다시 젖은 몸으로 축축한 돌바닥을 걸어 나간다.

"어? 비 온다. 우산 없어도 괜찮아? (눈치)"

"어? 이상하게, 괜찮네? 우산이 없어도, 옷이 좀 젖어도, 실패해도, 괜찮을 것 같아."

할머니의 겨울

살레르노, 이탈리아 。

살레르노는 로마*Roma*에서 남쪽으로 2시간 반 정도 떨어져 있는 도시이다. 번잡하고 거대한 항구 도시, 나폴리에서 한 발짝 물러서려는 여행자들에게 한적한 바닷가 도시로 나름 인기 있다. 지금이야 여유로운 해안 도시로 불리지만, 과거에는 꽤 화려했다. 무려 세계 최초의 의과대학이 생긴 도시이자, 당대 최고의 지식인들이 모이는 교육, 문화, 예술의 중심지였다.

지금의 살레르노는 상황이 다르다. 유명한 아말피 해안까지 버스로 이동할 수 있다는 점을 홍보해 관광업에 힘을 쏟고, 1970년대 이후로 복구되지 못한 제조업은 뒤로한 채 도자기 제조에 사력을 다하고 있다. 거리마다 널린 도자기 상품 중 단 하나도 나의 물욕을 자극하는 디자인이 없다는 게 문제지만. 그래도 대체로 맑은 날씨에, 바다가 잘 보이는 오래된 노천카페에 앉아, 언제든 제법 훌륭한 에스프레소를 마실 수 있으니 다소 엉성한 도자기 디자인은 넘어갈 만한 부분이다.

내가 정말 견딜 수 없는 건 엉성한 도자기의 생김새가 아니다. 끝도 없는 기다림과 불굴의 인내를 요구하는 이 도시의 시스템이다. 우리는 살레르노에서 대부분의 시간을 '기다리며' 보냈다. 우리가 머무는 숙소는 시내 중심부에서 조금 떨어진 주택가인데 대중교통이 유독 불편했다. 시내 기차역에서 한 정거장 기차를 타고 와서 20여 분을 걷거나, 언제 오는지 도대체 알 수가 없는 의문의 25번 버스를 세월아- 네월아- 기다려야 한다. 있으나 없으나 마찬가지인 버스 시간표는 진작에 던져버렸다. 시간표에 맞춰 정류장에 도착해도 30분씩 버스를 기다리는 일이 다반사였으니까.

답답해서 속이 터지는 건 이뿐만이 아니다. 어제 집 앞 정류장에서 탄 25번 버스와 오늘 같은 정류장에서 탄 25번 버스의 경로가 완전히 달라 매번 전혀 다른 정류장에서 내려야 한다는 사실이다. 시내로 가기 위해 어제 탔던 버스가 오늘은 시내 중심가와는 정반대 방향으로 가는 것이다. 버스는 더 남쪽으로, 보다 작은 마을들을 향해 달렸다. 진짜 답답한 건 지금부터이다. 우리는 버스 기사님께 온갖 손짓과 발짓을 섞어 시내의 기차역 이름을 설명했다. 엉성한 발음을 열 번쯤 반복했을 때 기사님이 무언가 대답을 하셨다. 그마저도 알아들을 수 없었지만 내리라는 뜻은 아닌 듯하여 잠자코 앉아있기로 했다. 그리고는 버스가 운행하는 내내 우리가 버스 구석 좌석에 앉아있음을 끝없이 어필했다. 혹시나 아저씨가 우리를 잊고 살레르노의 어느 산꼭대기 이름 모를 정류장에 우리를 내려준다면, 아무리 훌륭한 에스프레소를 내어 준다고 해도 이 도시를 용서할 수 없을 것만 같았다.

동네의 온갖 작은 정류장을 다 들르고, 마을 사람들을 한 명 한 명 조심히 태워서, 버스는 돌고 돌아 시내로 접어들었다. 답답하고 지겹기 짝이 없는 루트인데, 사람들 표정이 하나같이 여유롭다. 자주 다니지 않는 버스이지만 시간을 맞추면 적당히 탈 수 있고, 시간이 오래 걸리는 경로이지만 느긋하게 버스 밖 풍경을 즐기다 보면 또 그럭저럭 견딜만한 시간이고, 매번 바뀌는 노선이지만 기사 아저씨와 알고 지내면 홀로 소식에 뒤처질 일도 없다. 내내 기다리는 일이 아주 불편하고 답답한 나와 달리, 이곳 사람들에게는 그저 평범한 하루의 여정처럼 보였다. 오랜만에 만난 버스 기사님과 사소한 잡담을 나누고, 시내에서 사야 할 물건들을 종이에 적어보고, 유독 날씨가 좋은 날이면 오후의 햇살을 마음껏 마시며 창밖을 바라보며 그들은 차로 15분일 거리를 40분에 걸쳐 시내로 나간다.

매번 지루하고 답답한 버스 여행을 견뎌야 할 만큼 외곽에 위치한 숙소였지만 우리는 숙소를 옮길 생각을 하지 않았다. 이 오래된 집과 이곳의 할머니, 할아버지를 참 좋아했기 때문이다. 처음 이

집에 도착했을 때 먼저 우리를 반기는 것은 빌라 앞마당에 위치한 커다란 레몬나무였다. 레몬나무 몇 그루를 지나 독특하게 생긴 빌라 건물에 어리둥절하여 어느 집으로 들어가야 하는지 망설이고 있을 때, 옆 집 할머니 한 분이 우리 손을 잡고 문 앞까지 데려다주셨다. 매번 어리둥절해하며 숙소를 찾지 못하는 여행자들을 많이 만나신 듯 익숙한 손길이었다.

현관문을 열고 들어가니 오래된 가구들과 촌스러워서 더 마음이 가는 식기들이 단정하게 진열된 선반이 눈에 들어왔다. 그리고 집안은 온통 은은한 커피 향으로 가득했다. 매일 아침 모카 포트에 커피를 끓이는 것으로 하루를 시작하는 제제 할머니가 우리를 보자마자 밝게 웃으셨다. 할머니의 그 따뜻한 표정이 지금도 생생하다.

"본조르노*Buon Giorno*! 어서 오렴. 너희들 방은 저기 다락이야. 무거운 짐이 있다면 미안하네. 좁은 계단을 올라가야 하거든."

"괜찮아요, 할머니. 저희는 짐이 이것뿐이라."

"이곳에 오래 머문다면서, 짐이 그것뿐이라고? 정말?"

할머니는 처음 우리 가방을 보고 정말 놀라셨다. 우리가 여행하는 방식과 추구하는 일상이 아마도 할머니가 살아온 인생과는 전혀 다른 모양이기 때문일 것이다. 할머니에게 우리의 짐 없는 여행기는 여태껏 한 번도 들어보지 못한 신비한 동화였을 지도 모르니까.

그날 이후로 할머니는 우리의 부족한 여행 가방을 매번 두둑이 채워주셨다. 매일 아침 잘 마른 타월을 방문 앞에 두고 가셨고, 비가 내리면 우산을 손에 쥐여주셨다. 먹을만한 과일을 가방에 넣어주시고, 저녁쯤 돌아오면 낮에 구운 코코넛 쿠키를 방으로 가져다주셨다. 할머니의 따뜻한 배려 덕분에 우리는 생각보다 더욱 편안하게 여행할 수 있었다.

처음에는 영어를 거의 못하는 할머니, 할아버지와 간단한 대화도 힘들었다. 하지만 함께 지내는 시간이 늘어날수록 우리는 점차 불편함 없이 짧은 대화를 나눌 수 있었다. 우리가 지내는 다락방이 추워지자 간이 난로 사용법을 손짓으로 알려주시고, 매일 아침 직접 만든 무화과잼과 빵을 식사로 내어주며 하루 일과를 묻곤 하셨다.

한 번은 동네 슈퍼에서 대폭 할인하는 치즈를 사 왔다. 파르메산 치즈라고 쓰여있길래 딱딱한 감촉에도 불구하고 별 의심 없이 샀는데, 웬일인지 아무리 뜨겁게 익혀도 이 치즈가 도무지 녹을 생각을 않는 거다. 30분을 넘게 끓여도 너무 단단해서 먹을 수가 없을 정도였으니, 이래서 할인을 한 건가 생각하며 우두둑우두둑- 치즈를 씹어 먹고 있는데, 할머니께서 우리를 보며 크게 웃으셨다. '파스타에 넣어 먹고는 있는데 너무 단단해요'라고 말하니, 그 치즈는 파르메산의 껍질 같은 거라 보통은 그냥 먹지 않고 특정한 요리에만 넣어 먹는다고 최선을 다해 설명해주셨다. 이 대답을 이해하기 위해 구글 번역기와 손 그림까지 모두 사용하긴 했지만 말이다. 그 딱딱한 것을 우적우적 씹어먹으려던 우리의 모습이 우스워 할머니와 오래도록 깔깔대고 웃었다.

매일 아침 직접 만든 잼과 빵을 식사로 준비해주신 할머니의 배려에 보답할 길이 없을까 고민하다가, 아침마다 커피를 내려 드시는 두 분을 위해 작은 커피를 선물로 드렸다. 두 분은 크게 기뻐하시며 마침 오늘이 일요일이라 옆집 부부와 점심 식사를 할 계획인데, 같이 먹는 게 어떠냐고 제안하셨다. 오랜만에 먹을 집밥 생각에 만세를 열 번 정도 외치며 우리의 행복을 표현했다.

점심때가 되자 초인종 대신 '본 조르노'를 외치며 옆집 할아버지가 들어오셨다. 옆집 할머니는 우리가 처음 이 집에 온 날 우리를 도와주셨던 터라 뵌 적이 있었고, 할아버지도 가끔 대문을 드나들며 인사를 나눈 적이 있었다. 어설픈 이탈리아어로 인사를 나누고 흰 테이블보가 깔린 식탁에 사이좋게 둘러앉았다. 은색 수저와 와인잔을 정갈하게 놓고, 음식을 바삐 준비하시는 할머니의 뒷모습에 문득 한국의 가족들이 떠올랐다.

자리를 잡고 앉아있으니 할머니가 파스타를 가져다주셨다. 손으로 직접 반죽한 파스타 면에, 양파를 오래 끓여 깊은 맛을 내는 소스를 얹은 음식이었다. 쫄깃한 반죽과 달짝지근한 소스가 입맛에 딱 맞았다. 거기에 붉은 와인을 곁들이니 더할 나위 없는 풍미였다.

옆집 할아버지는 영어를 거의 못 하셨지만, 우리는 (놀랍게도) 꽤 많은 대화를 나눴다. 자신이 젊은 시절 베트남과 캄보디아 같은 아시아 나라를 여행했을 때도 늘 손짓, 발짓으로 소통했다며 여기에서도 문제가 없다고 말하며 호탕하게 웃으셨다. 우리는 파스타를 먹으며 아시아 문화권의 젓가락과 포크 사용법 차이에 대해, 종종 이탈리아에 처음 온 여행자들이 긴 파스타 면을 숟가락에 대고 돌돌 말다가 긴 면발 때문에 그 숟가락이 머리 꼭대기까지 올라간다는 농담(보다는 슬랩스틱에 가까운 코미디)를 주고받으며 한참을 웃었다. 그리고 한국어로 건배를 외치며 와인을 한 모금 더 마셨다.

두 번째로 나온 음식은 뭉근하게 익힌 얇은 돼지고기 요리였다. 돼지고기와 양파 소스를 오랜 시간 끓여낸 요리라 육질이 아주 부드러웠다. 함께 곁들인 석류 샐러드는 신선한 올리브유에 소금을 살짝 더한 상큼한 맛이었는데, 묵직한 고기 요리와 잘 어울렸다. 마지막 디저트로 나온 타르트도 굉장했다. 지난번 우리에게 맛보라며 전해주신 코코넛 쿠키에서 할머니의 베이킹 실력을 익히 짐작할 수 있었지만, 입안에서 사르르 녹는 복숭아 타르트는 돈을 내고 먹어도 아깝지 않을 귀한 맛이었다.

할아버지는 든든하게 배를 채웠으니 모두 소화가 필요하다며 찬장에서 투명한 병 하나를 꺼내오셨다. 집에서 직접 담근 도수가 높은 레몬 술이었다. 소화를 돕기 위해 식사가 끝난 후 35도 이상의 독한 술을 마시는 게 유럽 여러 나라에 있는 문화라고 말씀하셨다. 베를린에서 친구들과 묵직한 고기 요리를 먹고 난 후 한 잔씩 독주를 마셨던 기억이 났다. 할아버지의 레몬 술은 보드카처럼 맑고 투명했다. 그 유명한 리몬첼로*Limoncello*였다. 리몬첼로는 레몬으로 만드는 이탈리아의 전통주로 레몬 껍질을 사용해 만든다. 이탈리아 남부 사람들은 기름지고 묵직한 음식을 먹고 난 후 식후주로 이 술을 마신다고 한다. 높은 도수와 달리 달큼한 레몬 향 덕에 무리 없이 마실 수 있고, 더부룩한 속과 텁텁한 입안이 상큼하게 정리된다.

할머니는 이탈리아를 한 달 넘게 여행하는 우리에게 짐이라곤 작은 가방 하나씩뿐이라며 우리의 이상한 여행기를 친구분들께 설명했다. 오랜 시간을 이탈리아어로 우리의 여행에 대해 토론을 벌이던 네 분은 작은 잔을 높이 들며 '너희들의 여행에 건배하자'고 말씀하셨다. 우리의 여행에 대해 어떤 이야기를 나누셨는지 알 수 없었지만 잔을 드는 할머니, 할아버지의 표정에서 우리를 여행을 응원하는 마음을 충분히 느낄 수 있었다. 우리는 소주잔처럼 생긴 작은 잔에 할머니가 직접 담근 리몬첼로를 가득 따라, 우리의 이상한 여행에 건배했다.

주말이면 자주 이웃들과 식사를 하신다는 할머니, 할아버지는 무료한 일상에 작은 사건을 만들기 위해 끊임없이 노력하셨다. 이웃들과 모여 집 앞 레몬나무의 레몬으로 술을 담그고, 무화과 철에는 잼을 만들어 나눠 먹고, 다 같이 시내에 산책을 나가 바다를 보며 함께 걷기도 하신다. 우리도 천천히 걷는 할머니의 속도에 맞춰 살레르노를 걷고 또 걸었다. 얇은 빗물에 촉촉해진 돌바닥은 유리처럼 투명했고, 언덕 위에 지어진 집들은 마른 나뭇가지 새의 둥지처럼 아늑했다. 푸른 바다를 마주 보며 펼쳐지는 오래된 건물들이 파도처럼 너울거렸고 그 모습이 할머니 손등의 주름처럼 조그맣고 따뜻했다. 한국에 계신 할머니가 보고 싶었다.

○

"부지런을 얼매나 떨었으면 다래끼가 생겨! 벌써 봄이라고 나물 뜯으러 가려고 그래? 너무 부지런을 떨었네!"

겨울이 끝나고 봄이 오기 전이면 눈에 다래끼가 나는 나를 보고 할머니는 부지런 떨며 미리 봄을 마중 나가 눈이 그 모양이라고 하셨다. 아직 봄이 오지 않았으니 서두르다 눈에 병 생기지 않게 조심하라고도 하셨다. 지금 내 모습을 할머니가 보신다면 아마 변변치 않은 옷을 입고 돌아다닌다고, 작은 가방 덜렁 메고 위험하게 나다닌다며 걱정하셨을 테다. 살레르노 할머니처럼.

생각해보면 닮은 점이 많다. 한국에 계신 시골 어르신들도 겨울이면 마을 회관에 모여 함께 지낸다. 같이 밥을 해 먹고 아랫목 뜨듯하게 데워 여럿이 둘러앉는다. 다가올 봄에 심을 작물 이야기, 겨울에 담근 김장 김치의 숙성 정도 이야기, 그리고 모처럼만에 나서는 목욕 나들이로 옹기종기 붙어 함께 겨울을 난다. 큰 집에 혼자 앉아 긴 겨울을 보내자면 죽음보다 쓸쓸한 혼밥과 세 자릿수의 난방비만 할머니들께 남으니까. 마을 회관 아랫목에 둘러앉은 할머니들과 같은 식탁에 모여 앉아 음식을 나누는 이탈리아 할머니들의 모습이 꼭 황제펭귄을 닮았다. 추위를 견디기 위해 살을 꼭 붙이고 서서, 서로의 추위를 돌아가며 막아주고 스스로를 지켜내는 모습이, 꼭 그 펭귄들과 닮았다. 함께 있다는 것이 주는 위로, 매서운 인생의 겨울도 즐겁게 보낼 수 있는 사랑, 할머니를 지키는 힘이 무엇인지 알 것 같다.

○

이제 겨울이 저물어 간다. 올 겨울도 서로의 곁을 지키며 추운 겨울을 보낸 할머니, 할아버지를 뒤로 하고 우리는 단출한 가방을 챙겨 다시 길을 나선다. 우리를 반겨주던 할머니의 주름이 빨간 꽃무늬가 그려진 작은 찻잔처럼, 주파수를 잡는 데 한참이 걸리는 오래된 라디오처럼 따뜻하게 남았다.

살레르노를 떠날 무렵이 되자 30분 정도 버스를 기다리는 일에 익숙해졌다. 답답하기만 했던 살레르노가 할머니들의 느린 걸음처럼 정겨워졌다. 온화한 할머니의 주름을 닮은 이 도시가 살짝 좋아졌다. 아주 살짝. (그래도 버스는 제때 왔으면 좋겠다. 제발.)

〈할머니의 말〉

"감이 떫어서 입이 한 짐이네."

"아기들은 여름 소나무 그늘도 추운 법이여."

"사람들 하나 안 죽으면 그게 무슨 세상이야. 하나씩 조용히 가야지. 너무 서운해말아."

"요즘 햅쌀은 옛날만큼 맛이 없어. 아마 다들 배가 불러서 그렇겠지. 그래도 밥 거르지 말고 꼭 챙겨 먹어."

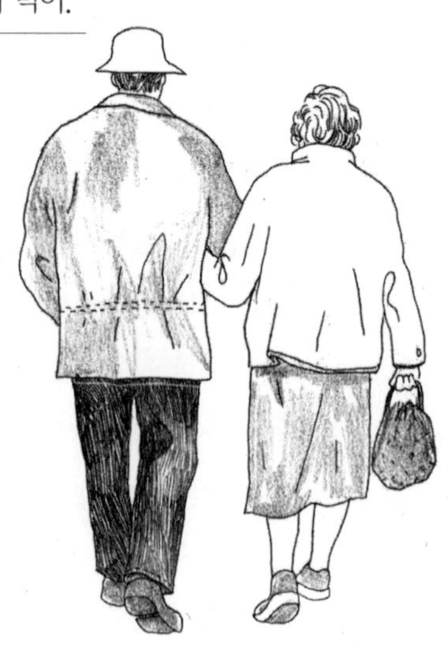

우리가 마음을 열면

나폴리, 이탈리아 。

"드디어 떠나는구나. 여행이 끝나는 게 이렇게 기뻤던 적이 있었나? 지긋지긋했어, 너. 이제 안녕이다, 나폴리*Napoli*!"

"그만해. 애 듣겠다."

나폴리를 떠나던 날, 나는 나폴리 역에서 크게 외쳤다. 영화 〈쇼생크 탈출〉의 포스터를 방불케 하는 포효였다. 이제 이 눅눅하고 기분 나쁜 나폴리로부터 영영 해방이다. 나폴리 너, 정말 지긋지긋했다. 굳이 다음에 본다면 서로 손톱만큼이라도 더 나은 이가 되어 만나자. 아니, 웬만하면 다시는 만나지 말자.

세계 3대 미항 중 하나라 불리고, 혹자는 죽기 전에 반드시 봐야 할 도시라 말하지만 내게 나폴리는 이탈리아라는 얼굴의 날카로운 생채기였다. 따끔거려 신경이 쓰이고 그래서 애틋하지만, 도저히 사랑할 수는 없는 애증의 도시였다. 왜냐고? 늘 그렇듯 여행과 실망은 오래된 기차역에서 시작되는 법이다.

거대한 나폴리 중앙역은 이탈리아 전역으로 뻗어 나가는 기차 노선들이 도저히 풀 수 없는 실타래처럼 복잡하게 엉켜있다. 수십 개의 선로와 그 위를 지나는 크고 작은 여행 가방들, 빠르게 바뀌는 기차 시간표가 장마철 흙물처럼 정신없이 흘러간다. 인포메이션 센터는 그 진창에서 지푸라기라도 잡으려 허우적대는 여행자들로 꽉 차 있었다. 제대로 된 기차표를 사고 그 기차가 출발하는 플랫폼 번호를 아는 일이 세계 7대 수학 난제를 푸는 것처럼 불가사의한 일이 되는 곳, 나폴리 기차역이다.

난장판인 플랫폼을 가까스로 벗어나 역을 나서면 나폴리는 온통 축축하게 젖어있다. 나폴리는 가을과 겨울에 많은 비가 내린다. 젖은 아스팔트 위로 비에 녹은 개똥들이 누렇게 일렁였다. 개똥을 피해 걸으며 생각했다. 무언가 단단히 잘못되었다고.

나폴리 역 주변은 온통 과하게 빛나는 가짜 액세서리와 조악한 명품 가방으로 가득 차 있었다. 길거리에 좌판을 벌여 가격을 흥정하는 흑인들과 벤치에 앉아 시간을 버리는 노숙인, 싸구려 잡화와 복권을 팔기 위해 거리를 배회하는 잡상인으로 번잡했다. 딱딱하게 굳은 토마토소스와 비에 젖어 눅눅해진 노점상의 피자는 그나마 있던 식욕도 달아나게 했다. 1990년 이후로 새로운 물건이 들어오지 않는 듯한 상점의 먼지 쌓인 고물들을 보고 있자니, 인터넷에서 본 글귀가 떠올랐다. '나폴리를 보고 죽으라는 옛 속담은 바뀌어야 해. 죽고 싶으면 나폴리로 가라-로 말이지' 과연 옳은 말이다.

"11시 방향, 미확인 물체 발견. 냄새가 예사롭지 않다. 조심해."

"으악. 새똥이 쌓인 쓰레기 무덤이었어. 아아악! (쇼생크 포효 2) 이것이 말로만 듣던 이탈리아 남부의 민낯이란 말인가. 개똥을 밟아도 행복한 것이 여행이라면 아마 계속 여행하기는 틀렸나봐. 나폴리야말로 모든 여행자들의 무덤이라고!"

이 도시에 거는 마지막 희망은 베수비오 화산*Le Vésuve*과 나폴리 바다였다. 마지막 배팅을 하는 기분으로 베수비오 화산과 나폴리 바다가 한눈에 보이는 포인트로 향했다. 하지만 버스를 타는 과정마저 쉽지 않았다. 트램과 버스는 시간과 노선 구분이 불가능할 정도로 불친절했다. 화산이 보이는 포인트와 가까운 지점까지 가는 버스를 탄 후, 거기서 30분가량을 걸어야 베수비오 화산 끄트머리가 보일락 말락 할 지경이었다.

다른 방법이 없어 한참을 기다려 버스에 올랐다. 간신히 올라탄 버스에서는 표를 사지 않고 올라탄 승객과 불시에 올라타 표를 검사 중인 검표원 사이에 한바탕 실랑이가 벌어지고 있었다. 버스가 떠나가라 욕을 해대며, 과장된 손동작으로 세상의 모든 불만을 토로하는 그들의 말싸움에 귀가 아플 지경이었다. 애초에 엉망인 버스 노선도와 시간표, 그리고 작은 규칙쯤이야 보이는 눈만 피하면 그만이라는 사람들의 얄팍한 속임수가 이 도시를 아수라장으로 만들고 있었다.

한참 말다툼을 벌이던 승객 둘은 우연히도 우리와 같은 정류장에서 하차했다. 그들은 버스에서 내리며 검표원 뒤통수에 대고 손가락 욕을 날렸다. 가운뎃손가락을 치켜들고 킥킥 웃으며 돌아서던 두 명의 승객과 눈이 마주치던 순간, 나는 미처 피하지 못하고 끈적한 개똥을 밟고야 말았다. 차라리 베수비오 화산이 폭발하는 게 이 도시에 이로운 게 아닐까?

이탈리아 남부 최대 도시가 엉망인 버스 노선 하나 정리하지 못하고, 쓰레기 처리 문제로 지금껏 골머리를 앓는 무능한 동네라니, 이 드넓은 도시에 단 한 군데도 괜찮은 구석이 없다니, 온통 철 지난 가전제품처럼 하찮은 것들뿐이라니! 쩔쩔매는 도시의 표정에 진절머리가 났다. 하지만 정말 최악은 그 문제가 비단 나폴리만의 것이 아니라는 사실이다. 우리가 방문했던 이탈리아 남부의 도시들은 대부분 쓰레기를 제대로 처리하지 못해 지저분한 상태였고, 노점으로 생계를 이어가는 가난한 흑인들로 거리가 붐볐다. 그리고 그들의 질척한 호객 행위가 여행자를 더없이 불쾌하게 만들었다. 해변가를 어슬렁거리며 시간을 때우는 노숙인과 가방과 시계 등 온갖 가짜들을 팔기 위해 좌판을 벌인 흑인들을 피해 걷는데 온통 정신을 쏟았다. 어떻게든 그들과 가까워지는 면적을 줄이려, 멀리 돌아가기도 마다치 않았다. 노숙인과 흑인을 피하면 이번에는 우연히 무슬림 무리를 만나게 된다. 그들도 두렵기는 마찬가지이다. 어젯밤에 읽었던 유럽 테러의 기사들이, 오늘날의 증오 범죄로 이어지는 시나리오를 쓰다 깜짝 놀라 걸음을 멈추게 되니까. 왔던 길을 되돌아가거나, 초조함에 축지법 쓰듯 빠른 걸음으로 가능한 한 신속하게 그들과 멀어지려 애썼다.

그러던 어느 날이었다. 신물이 나도록 미워했던 나폴리를 무작정 떠나기로 한 그날, 서서히 편견에 익숙해지고, 나 자신도 놀랄 정도로 증오에 무감각해지던 어느 날, 우리는 폼페이*Pompeii*로 향하는 완행열차에 올랐다. 폼페이까지는 차로 30분밖에 걸리지 않는 가까운 거리이다. 하지만 우리가 오른 기차는 굴러가는 게 신기할 정도로 낡은 데다, 이렇게 느릴 수가 있나 싶을 정도로 천천히 운행하는 완행열차였다. 1시간가량 기차를 타고 작고 우중충한 마을들을 죄다 들러 폼페이로 향하는 중이었다. 유난히 쌀쌀했던 겨울 날씨 덕에 창밖으로 보이는 풍경마저 을씨년스럽기만 한 오후 5시였다.

폼페이와 가까워지던 어느 작은 역에 정차한 기차는 몇 명의 사람을 내려주고 그만큼의 사람을 다시 태웠다. 그때 열차 끄트머리에서 우리 어깨를 잔뜩 움츠리게 만드는 시끄러운 소리가 들려왔다. 과격한 말투와 격앙된 목소리에 뒤를 돌아보니 한 무리의 젊은이들이 있었다. 이탈리아 사람이었고, 백인이었으며, 무례하고 무뢰한이었다. 젊은 청년처럼 보이는 이들이었는데 그 가운데는 아주 앳된 얼굴의 소년도 있었다.

돌아본 나와 눈이 마주친 그들은 기차가 다음 역에 정차할 때까지 우리의 생김을 흉내 내며 크게 웃었다. 원숭이 보듯 하며 우리를 비웃었고, 이탈리아 욕이 통하지 않자 다양한 비언어적 요소를 동원해 끈질기게 우리를 모욕했다. 하지만 우리는 '무례하군요. 못난 인종 차별을 그만둬!'라고 차마 말하지 못했다. 기차 안의 그 누구도 무법자 같은 그들을 제어하지 못했다. 신랄한 모욕이 견디기 힘들었지만 돌아본 그들의 눈빛이 무섭고, 파도치듯 밀려오는 그들의 증오가 두려워 눈을 꼭 감아 버렸다. 나는 그저 그들이 빨리 기차에서 내리기만을 기다렸다. 그들은 기차에서 내려 우리와 멀어지는 마지막까지 부지런히 욕을 해댔다. 마침내 그들이 보이지 않자, 나도 모르게 안도의 한숨이 새어 나왔다. 그리고 내 안의 깊은 곳에서 알 수 없는 치욕이 연기처럼 피어올랐다.

나폴리에서, 바리와 살레르노에서, 나는 나와 피부색이 다르다는 이유로, 옷차림이 허름하다는 이유로, 길거리에서 물건을 판다는 이유로, 수많은 사람들을 피해 다니며 그들을 멸시했다. 폼페이로 가는 열차 위에서 나는, 내가 피해 다니며 무시했던 수많은 사람들의 기분이 온몸으로 느낄 수 있었다. 그리고 그들을 피해 걷던 나의 표정이 지금 멀어져 가는 저 증오에 찬 소년들의 그것과 별반 다르지 않다는 사실이 참담하게 다가왔다. 잠깐 참는 것으로 위기만 모면하면 그만이라고 자위하며, 모욕적인 차별에도 아무 말도 하지 못한 채 잠자코 있던 나 자신이 부끄럽고, 부끄러웠다. 우리가 개똥처럼 피하려던 사람들의 고단하고 남루한 삶은 우리에게 어떤 그림자도 드리우지 않는다. 우리를 좀먹는 그림자는, 가장 평범한 얼굴로 우리 사이에 피어나는 증오의 그림자이다.

몇 주 전 바리의 버스에서 만난 한 무리의 무슬림들이 떠올랐다. 그때의 나는 같은 버스를 타는 무슬림들이 두렵고, 저들의 정체가 과연 무엇일지 의심했고, 이 버스에서 무슨 사건이라도 벌어지면 어쩌나 하는 눈빛으로 그들을 쏘아봤다. 하지만 이제 와 다시 그들의 모습을 떠올려보니 그 또한 지독한 편견이었다. 나지막한 목소리의 인샬라*Inch'allah*('만약 신이 원하시다면'이라는 뜻으로, 이슬람 교도의 관용구), 떨리는 눈빛과 애처로운 차림, 사랑을 담아 힘 있게 주고받던 포옹까지, 나는 그들의 작별에서 위협과 우려가 아닌 애정과 사랑을 느껴야 했다. 결국 내 눈을 가린 건 내 안의 오해와 편견이 아니었을까? 싸워야 하는 것은 내 안의 나이다. 오만과 편견으로 가득 찬 내 안의 괴물이 내가 경계하고 싸워야 할 대상이다.

스페인 마드리드에서 우리는 아시아에서 왔다는 이유로 어느 레스토랑에서 혹독한 냉대를 받았고, 텔아비브 공항에서는 종교와 인종이 다르다는 이유로, 그리고 짐이 없다는 이유로 긴 시간 동안 조사 아닌 조사를 받았다. 낯선 색의 여권을 가졌다는 것, 흑인이라는 것, 그리고 배낭이 없다는 것. 우리는 다르다는 이유로 그렇게 매번 소수자가 된다. 아주 평범한 일상의 순간에서도 마찬가지이다. 우측통행을 하라는 계단의 화살표 앞에서, 때로는 다른 성별을 가진 이들로 가득한 엘리베이터 안에서, 고깃집으로 우르르 들어가는 사람들 틈에서, 누군가는 반드시 소수자가 된다. 예쁘게 박제된 사랑에서 저만치 떨어진 핑크빛 세모로, 홍수처럼 넘치는 물건에서 벗어나리라 결심하는 모기만 한 목소리로, 남과 다른 가치를 실현하려는 별종으로 우리는 매번 소수자가 된다. 그래서 나폴리 공원과 바리 기차역의 흑인 이민자들, 텔아비브 주변의 무슬림들, 그 누구도 내가 아니지 않다. 그것이 모든 소수자, 그들이 누구든, 무엇을 믿고 누구를 사랑하던, 그들과 함께 살아가야 하는 이유이다. 그 모든 이들이 바로 나이기 때문에.

우리는 폼페이의 무너진 성벽을 마주하며 이제는 제발 좀, 달라지자고 약속했다. 우리 안에 남은 마지막 미움과 일말의 증오를 모두 이 황량한 성터에 묻고 가자고 다짐했다. 우리가 우리만의 걸음과 우리만의 특별함을 믿듯이 다른 사람의 특별함도 믿자고, 겉멋만 잔뜩 들어서 다르게 살겠다 말만 하지 말고 진짜 달라져 보자고, 어떤 편견도 마음에 담지 않는 열린 사람이 되자고.

지긋지긋한 나폴리를 떠난다고 눈치 없이 떠들던 지난날의 나를 반성하며 우리는 로마행 버스에 올랐다. 도착한 로마에서 가장 먼저 찾은 곳은 성 베드로 성당*St Peter's Cathedral, Belfast*이다. 성 베드로 성당의 광장은 열쇠 모양이다. 바티칸의 상징을 형상화한 것이기도 하지만, 크고 둥근 광장 안으로 들어온 모든 이들을 두 팔로 안아준다는 뜻이기도 하다. 종교가 없는 나도, 어떤 나라에서 온 이민자라도, 광장 안으로 들어서면 마음이 푹– 놓이는 이유일 것이다. 며칠 푹 끓인 곰탕처럼 마음이 느긋해지고 냄새만으로도 배가 넉넉해지듯이, 우리도 광장 안에서 마음을 푹– 풀고 싶었다.

성당과 가까워지자 광장에 더욱더 많은 사람들이 보였고 멀리서 가끔 환호성도 들려왔다. 그리고 우연히 고개를 들어 바라본 창문 한쪽에 붉은 천이 길게 걸려있었다. 프란치스코 교황님이었다. 수많은 시민과 여행자들, 폴란드의 한 성당에서 온 성직자와 우간다에서 온 신자들까지 세계 각국에서 많은 사람들이 그를 만나기 위해 광장에 모였던 것이다. 점처럼 작게 보이는 교황님의 실루엣에서 온화한 빛이 넘쳐흘렀다.

"더 많이 가지려고 하는 사람은 행복할 수 없어요. 행복은 내가 가진 것을 나눌 수 있어야만 가능해요. 모두, 마음을 열어보세요."

그날 교황님이 하신 말씀은 나폴리에서 막 돌아온 우리에게 사뭇 남다른 의미로 다가왔다. 우리가 마음을 열면, 그 안으로 쏟아져 들어올 타인의 삶이 이 세계를 조금 치유하게 될지도 모른다.

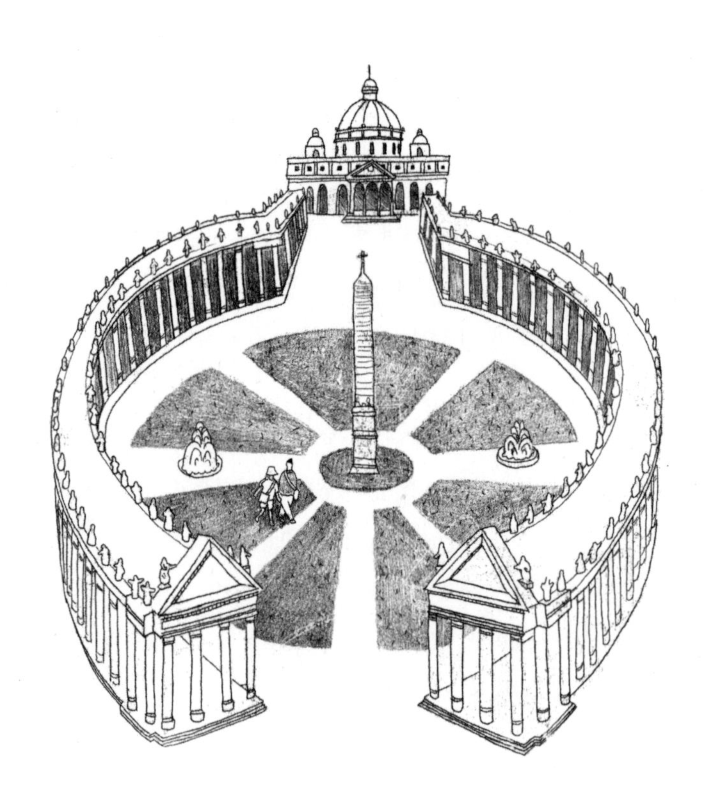

"괴테는 《이탈리아 여행》에 이렇게 썼어. '나는 로마에 발을 들여놓은 그날부터 진정한 재생의 나날들을 세고 있다. 말하자면 인간으로 새로 탄생하기를 바라고 있는 것, 나 자신을 되돌아오게 하고 싶은 것이다. 그리하여 결국 내 정신은 확고부동한 것이 되었고, 따뜻한 것을 잃지 않는 진지함, 즐거움을 잃지 않는 침착성을 얻었다'고."

"우리의 이탈리아 여행도 더 나은 나로 재탄생하기 위한 과정이면 좋겠네. 이탈리아 남부 도시들이 우리 여행에서 가장 소중한 도시가 될지도 몰라. 우리가 더 나은 인간으로 새로 태어난다면 말이야."

Part 3

매일 같은 옷을 입는 여행자

그럼에도 불구하고

피렌체, 이탈리아 。

"드디어 도착! 이탈리아의 끝판왕, 피렌체*Firenze*이다! 르네상스 예술의 총본산, 미술관만 무려 8개, 봐야 할 세계 문화유산이 스페인 전체보다 더 많다는 그 유명한 도시! 이야– 여전히 멋지네. 내가 8년 전에 매일 같이 올라서 노을을 보던 곳이 있어. 그때만 해도 아무도 몰랐던 곳이야. 나만의 장소였지. 피에솔레 언덕*La Villa Medicea a Fiesole*인데, 거기 올라가면 두오모*Duomo* 뒤로 넘어가는 노을을 볼 수 있어! 오늘 같이 가보자!

"뉘예 뉘예– 알겠즙니다– (심드렁)"

"거기 노을이 얼마나 멋진데! 설레지 않아? 뭐가 문제야?"

"노을이 뭐. 노을이 다 같은 노을이지! 아주 피렌체 온다고 신났네, 신났어. 로마야말로 이탈리아 끝판왕이지. 로마는 서유럽 세계 문화유산의 40프로가 집중되어 있다고! 도시 전체가 살아있는 박물관이란 말이야. 모든 길은 로마로 통한다는 말도 몰라? 피렌체는 무슨. 아주 혼자 신났네, 신났어."

나에게는 선인장처럼 뾰족한 가시들이 있다. 굳이 묘사하자면 고슴도치랄까? 날카로운 가시로 사람들을 푹푹– 찔러대고, 그런 제 모습이 싫어 웅크리면 웅크릴수록 그 가시가 더욱 거세지는, 지금 내가 예민한 고슴도치처럼 가시를 잔뜩 세우고, K가 하는 말마다 비아냥거리며 동네 깡패처럼 구는 이유는 다 피렌체 때문이다. 그래. 사랑의 도시, 피렌체 말이다.

K에게 피렌체는 첫사랑의 도시이다. 그 애가 처음 사랑한 사람은 피렌체에서 보석 세공을 공부하는 학생이었다고 한다. 둘은 각자 떠나온 일본 여행에서 우연히 만나 사랑에 빠졌다. 일본을 함께 여행하며 서로의 마음을 확인한 두 사람은 몇 달 뒤 피렌체에서 다시 만났다. 두 사람은 아마 손을 꼭 잡고 피렌체 골목을 거닐거나 세기의 연인, 단테와 베아트리체가 운명적으로 만난 베키오 다리*Ponte Vecchio*를 함께 건넜으리라. 아, 정말이지 더는 말하고 싶지도 않다. 보석 세공이라니, 너무 멋져서 짜증이 난다. 영화 〈냉정과 열정〉 사이 빰치는 러브스토리라니, 너무 로맨틱해서 부아가 치민다. 애인의 첫사랑이 골목마다 숨 쉬는 도시를 여행해야 하는 사람이라면 누구라도 무솔리니가 될 수밖에 없다. 그래서 내가 지금 가시를 잔뜩 세

운 고슴도치에, 파쇼*Fascist*인 거다. 아무도 날 말릴 수 없다.

로마에 있는 동안은 날씨가 참 좋았는데 피렌체는 도착하는 날부터 부슬부슬 비가 내렸다. 예보를 보면 피렌체에 머무는 일주일 내내 비가 멈추지 않을 예정이다. 나는 거의 지구 종말을 바라는 표정으로 부슬비를 맞으며 마지못해 K를 따라 피에솔레 언덕에 올랐다. 피렌체 시내가 질 내려다보이는 자리에 앉아, 어둑해진 하늘 아래로 하나둘씩 떠오르는 불빛들을 물끄러미 바라보았다. 사랑이고 나발이고, 단지 그것 때문에 피렌체가 미운 건 아니다. 피렌체를 미워하는 이유야, 한두 개가 아니거든.

피렌체는 온통 마음에 들지 않는 것 투성이다. 미술관이나 박물관에 들어가려면 관광객들로 북적거리는, 하염없이 긴 줄을 서야 하는 것부터 시작하자. 어디가 끝인지 알 수 없이 굽이굽이 늘어진 줄의 끄트머리를 간신히 찾아서, 새치기하는 이탈리아 사람들이 벌이는 실랑이를 91회 정도 구경하고서, 수학여행 온 유럽 청소년 사이에 뻘쭘하게 서서 커피를 마시고 샌드위치도 먹고 난 후에야, 비로소 입장할 수 있다. 이 작고 오래된 도시가 전 세계의 관광객들로 매일 북적이기 때문이다.

매일 아침 카메라를 두 대씩 목에 걸고 대형 버스에서 쏟아져 내리는 단체 관광객들은 또 어떤가. 행군하는 부대처럼 전진해오는 관광객들 덕분에, 아름다워야 할 두오모는 언제나 겁에 질린 표정이다. 내가 지금 두오모를 보기 위해 피렌체에 온 건지, 셀레나 고메즈의 콘서트를 보려고 온 건지 구분이 되지 않는다.

그뿐인가? 레스토랑과 기념품 숍의 직원들은 나를 먹기 좋은 사냥감으로 본다. 그들은 관상만 보고도 이 사람이 암산에 기가 막힌 베테랑 여행자인지, 숫자에 약한 초보 관광객인지 꿰뚫어 보는 능력이 있기 때문이다. 말하자면 나는 전생에 조선 시대 양반이었음이 확실하다. 상인들을 천하다고 핍박한 죄로 고도의 자본주의 사회에 환생하는 벌을 받은 게 틀림없다. 그렇지 않고서야 돈을 버는데 이렇게 탁월하게 재주가 없을 수 없으며, 거스름돈을 덜 받은 줄도 모르고 흥청망청하며 다닐 수가 없거든.

오늘도 피렌체 한 상점의 점원은 어리숙한 나의 뒤통수를 치며 5유로를 뜯어갔다. 환율 계산도 못해 동전을 죽 늘어놓고 '그대의 양심을 믿는다'는 눈빛으로 점원을 바라보는 일을 언제쯤 그만둘 수 있을까? 나는 언제쯤 그저 그런 관광객에서 벗어나 동전 계산까지 확실한 프로 여행객이 될 수 있을까? 아무래도 이번 생은 벌이 확실하다. 여행자들에게 치이며 비틀거리며 걷느라, 거스름돈 잘 받았나 동전 하나씩 세어보느라 두오모 벽면도 제대로 감상하지 못하고 앉아 있으면, 피렌체는 결국 영원히 사랑할 수 없는 도시가 되리라 확신하게 된다.

"좋다, 승부수이다. 지금 내가 데리고 가는 이 카페에 가서도 피렌체가 싫다면, 당장 다른 도시로 떠나자. 약속해."

"콜."

K의 마지막 딜을 수락했다. '어떤 곳을 데리고 가도 세상 심드렁한 표정으로 너를 비웃어주마'라고 중얼거리며 나는 약간 트럼프처럼 입꼬리를 올려 웃어 보였다.

K가 데려간 곳은 피렌체 시내에 위치한 학교 도서관 건물이었다. 앞장서서 걷는 K의 뒷모습이 흰 토끼처럼 보였다. 《이상한 나라의 앨리스》에 나오는 회중시계를 보던 그 토끼 말이다. 시내 한가운데에 있음에도 학교로 들어서자 전혀 다른 세계로 입장하는 기분이 들었으니까.

학교 건물로 둘러싸인 커다란 마당에는 피렌체만큼 오래된 나무 한 그루가 듬직하게 자라고 있었다. 중정이라고 불리는 안채와 바깥채 사이의 뜰에는 젊은 학생들이 아무렇게나 앉아 책을 읽고 있었다. 그 흥미로운 건물 위층에 작은 카페테리아가 자리하고 있었다. 옥상의 야외 테이블은 삼삼오오 모여 간식을 먹거나 공부에 열을 올리는 학생들로 만석이었다. 그리고 그 학생들 머리 위로 붉은 두오모의 지붕이 한눈에 보였다. 두오모와 눈을 맞춘 첫 번째 순간인 듯 가슴이 설렜다. 건물 너머로 보이는 두오모의 돔 지붕을 작은

노트에 그리는 학생, 그룹 과제 때문인지 여럿이 모여 달뜬 표정으로 토론을 벌이고 있던 친구들을 지나치며, 나는 단번에 이 카페와 사랑에 빠졌다.

우리는 카페 안으로 들어가 북적이는 학생들 틈에 자리를 잡고 앉았다. 시내의 카페보다 저렴한 가격으로 샌드위치 하나와 에스프레소 두 잔을 주문했다. 카페의 창문으로 붉은 두오모가 선명하게 보였다. 오랜만에 보는 파란 하늘과 여러 모양의 구름, 그리고 두오모까지, 창문이 액자가 되어 완벽한 그림을 완성했다. 피렌체에서 깨어나는 일이 유쾌하다는 에드워드 포스터*E. M. Forster*의 문장이 공감되기 시작했다. 그는 '피렌체에서 깨어나는 일, 햇살이 비쳐 드는 객실에서 눈을 뜨는 일은 유쾌했다. 창문을 활짝 열어젖히는 일, 익숙하지 않은 걸쇠를 푸는 일도, 햇빛 속으로 몸을 내밀고 맞은편의 아름다운 언덕과 나무와 대리석 교회들, 또 저만치 앞쪽에서 아르노강*Arno River*이 강둑에 부딪히며 흘러가는 모습을 보는 일도 유쾌하다'고 썼다. 나의 표정을 읽은 K가 웃으며 말했다.

"역시. 네가 피렌체를 좋아하게 될 줄 알았어."

그래. 애인의 지난 연애사에도 불구하고, 관광객들의 달그락거리는 캐리어 소음에도 불구하고, 매일 업그레이드되는 집시들의 손재주에도 불구하고, 피렌체는 참 아름다운 도시였다. 춥고 흐린 날씨 속에서도 은은하게 향기를 피워내는 국화 같았다. 크기는 작지만 아주 단단하고 아름다운 보석 같았다. 속이 꽉 차서 값이 꽤 나가는 멋스러운 열대 과일이나, 유리창 밖으로 보이는 화려한 명품 가방 같기도 했다.

특히 피렌체의 두오모, 산타 마리아 델 피오레 대성당*Santa Maria del Fiore*은 정말 아름다웠다. 붉고 둥근 돔 지붕이 태양처럼 영원히 빛나고, 그 아래로 조각조각 화려하게 장식된 무늬들이 역사도 모른 채 환하게 웃는다. 녹암과 대리석을 사용한 장식들은 섬세하고도 정교하며 흰 대리석 위에 기하학적으로 그려진 검은 도형들은 세련된 현대 미술 작품에 견줄만했다. 고딕 양식과 르네상스 양식이 공존하는 기묘함, 불안정한 비율에서 나오는 독특한 균형미까지, 나는 이 특별한 건축물에 완전히 매혹되었다.

피렌체는 좁은 골목마다 르네상스 시대의 건축물들이 당시 모습 그대로 잘 보존되어 있다. 화려한 르네상스 시대의 건물들이 즐비하니, 마치 도시 전체가 하나의 미술관처럼 느껴진다. 하지만 아르노 강을 건너면 시간 여행을 하듯 르네상스의 구도심과는 완전히 다른 세상이 펼쳐진다. 현대적이고 감각적인 디자인 숍과 위트 있는 가죽 공예점, 진취적인 작품이 가득한 갤러리와 보석 세공소까지, 보다 세련된 모습의 피렌체를 만나게 된다. 빨간 화통과 커다란 캔버스를 들고 다니는 미대생들, 기성품 대신 피렌체에서 만든 독특한 디자인의 가죽 가방을 들고 다니는 젊은이들, 난민을 환영한다고 써놓은 쪽지를 펄럭이는 카페와 그 안을 꽉 채운 아티스트들까지, 재미있는 공간들이 많다. 도시 전체에 예술이 살아 숨 쉰다. 오랜 역사를 거치며 피렌체 사람들에겐 어떤 예술적 DNA가 생겨난 게 아닐까? 80미터에 달하는 두오모 종탑의 부조가 인간의 창조와 예술을 표현한 의미라는 게 우연은 아니니.

예쁜 카페와 갤러리들을 관찰하며 걷다 보면, 골목마다 재미있는 거리 표지판이 눈에 띈다. 진입 금지를 뜻하는 도로 교통 표지판을 통조림 뚜껑으로, 화살표가 그려진 표지판을 올리브 가지를 물고 있는 비둘기로 변신시켰기 때문이다. 피렌체의 젊은 아티스트들이 위트 있는 아이디어로 이어가는 예술 활동이다. 이들의 갤러리에 들러 몇 가지 작품들을 감상하고, 마음에 드는 표지판 스티커를 구매하며 그 의미를 물었다. 젊은 아티스트는 답했다. 어디에나 있는 흔한 표지판을 독특한 예술 작품으로 변신시키는 그들만의 실험은 사실 예술을 통해 우리가 살아가는 방식에 도전하려는 것이라고. 게릴라적인 활동 방식 때문에 가끔 벌금을 내기도 하지만, 이 사회가 정한 규칙에 스스로를 제한하지 않기 위해 이 예술을 계속하는 것이라고. 그 말을 들으며 우리가 가방 하나로 유럽을 떠도는 이 여행도 하나의 예술 행위가 아닐까 생각했다. 우리가 정답이라고 생각해 온 삶의 방식을 변화시키기 위해, 사회가 정하고 홍보하는 틀에 스스로를 가두지 않기 위해 새로운 여행에 도전하고 있으니까.

피렌체에서의 하루는 매일 같이 들렀던 카페에서 끝난다. 낮에는 소규모로 출판되는 책을 판매하는 독립 서점 겸 카페이지만, 밤에는 라이브 재즈 공연으로 활기를 더하는 펍으로 변신하는 재미있는 공간이다. 각종 그라피티와 독특한 예술 세계가 빛나는 그림이 벽면 가득 걸려있고, 다양한 종류의 책들이 판매 중이다. 이곳은 책과 맥주를 좋아하는 젊은 친구들의 아지트이다. 문을 열기 전부터 몇몇 젊은이들이 문 앞에서 오픈을 기다린다. 치렁치렁한 장신구를 잔뜩 늘어뜨리고 맥북과 낡은 노트를 동시에 들고 선 대학생들이 카페의 분위기를 잘 전달해준다.

우리는 다락처럼 생긴 2층 구석에 자리를 잡고, 일기도 쓰고 공부도 하고 그랬다. 나는 새로 산 책을 스마트폰으로 읽던 중이었고, K는 노트북을 켜고 한참 공부에 몰두하던 중이었다. 그러다 K가 테이블 위에 놓인 작은 종이에 무언가를 열심히 쓰더니, 내 앞에 툭- 놓고 다시 모니터를 본다. '이제 피렌체가 마음에 드냐'고 묻는 쪽지에 나는 픽- 웃었다. 카푸치노를 한 잔 더 주문하기 위해 일어서며 말했다.

"물론이지. 그 모든, 그럼에도, 불구하고."

"우리 여행도 행위 예술에 가까운 게 아닐까? 정답이라고 생각해 온 삶의 방식을 전복시키기 위해, 사회가 정하고 홍보하는 광고 문구에 저항하기 위해 새로운 여행에 도전하는 거니까."

"그래. 예술이기도 하고, 우리 삶을 담보로 벌이는 도박이거나 삶을 통째로 건 실험이기도 하지. 그런데 말이야. '피렌체의 두오모는 연인들의 성지래. 영원한 사랑을 맹세하는 곳. 내 서른 번째 생일날 함께 올라가 주겠니?(영화 〈냉정과 열정 사이〉 주인공 성대모사)' 첫사랑이랑 이거 했어, 안 했어? 표정 보니까 했네, 했어."

"각자의 첫사랑 이야기는 모두 피렌체에 묻고 가는 거로."

"콜."

여행이 지루할 때

베네치아, 이탈리아 。

유럽에서 보내는 시간이 길어지면서 우리는 수도 없이 보아 온 중세 성벽과 반들반들하게 닦인 돌바닥이 방콕의 세븐일레븐처럼 지겨워졌다. 피렌체의 미켈란젤로 광장부터 매일 같이 드나들던 골목의 카페까지 걸어가는데, 불현듯 심심하게 흐르는 아르노 강물이 한강 물처럼 시시해졌다. 어떤 날은 무작정 여행에 싫증이 나, 이 작은 방 한 칸이 세상의 전부였으면 좋겠다고 중얼거렸다. 흥미로운 여정을 찾아 도시의 뒷골목을 기웃거리는 하이에나 짓은 이제 그만 두고 싶다고 소리쳤다.

한국의 명절이나 연휴 기간이 다가오면 여행이 한껏 더 지루해지고 집 생각만 간절해진다. 여행은 집어치우고 장판이 누그러지도록 뜨끈한 아랫목에 엎드려 귤이나 까먹고 싶어 진다. 살을 마주하는 가족들을 위해 군밤 한 봉지를 사는 일, 친한 지인들과 기울이는 소주 한 잔이 간절해진다. 내가 닻을 올리고 흘러온 바다 너머, 나를 힘껏 묶어주던 항구에 다시 정박하고만 싶어 진다.

여행이 지루하고 일상이 따분하던 어느 날, 우리는 즉흥적으로 다음 여행지를 베네치아*Venezia*로 결정했다. '세계 3대 카니발, 세계 10대 축제' 같은 순위에 빠지지 않고 링크되는 베네치아 카니발*Venezia Carnival*, 그 화려한 가면에 온통 마음을 빼앗겼던 것이다. 평소라면 큰 관심을 두지 않았을 화려한 축제였겠지만, 여행에 단단히 지루해졌던 무렵이었기에 가능했던 일이다.

'축제가 없는 생활이란, 여관이 없는 가도와 같다'는 말이 있다. 높낮이 없는 고속 도로를 끝없이 달리는 무료한 일상에서, 축제는 사람들이 잠시 쉬어가는 휴게소가 된다. 여행이 일상이 되는 길고 긴 여행에서도 마찬가지가 아닐까? 여행이 생활이 되어버려 지루하기만 한 어떤 순간, 축제는 여행의 궤도에서 탈출하는 우주선이다. 축제, 그 소심한 일탈은 정직한 분침으로부터 벗어나 시간을 거스르려는 초침처럼 비일상적이고 초현실적인 작품이었다. 축제가 없는 여행이란 휴게소 없는 경부 고속 도로처럼 지루해지기 마련이니까. 그땐 그리 믿었으니까.

기차가 아주 천천히 물 위를 달렸다. 그리고 곧 뿌연 안개로 가득 찬 섬에 조심스럽게 정차했다. 베네치아에 도착한 날은 유독 날씨가 흐렸다. 섬을 꽉 채운 물안개 때문에 가시거리가 아주 짧아져, 사람이며 트렁크며 자주 발을 부딪히며 걸어야 했다. 시야를 꽉 채운 물안개는 그럼에도 전혀 무겁지 않았다. 날리는 깃털이나 팔랑이는 눈송이처럼 사방으로 가볍게 흩어지며, 성수처럼 사람들의 머리를 적셨다. 물 위에 지어진 이 도시의 주인인 듯 멋스럽고 우아했다.

기차에서 내리는 사람들은 모두 빠른 걸음으로 역을 나섰다. 나도 덩달아 조바심이 났다. 놀이공원에 입장하는 어린이처럼 들뜬 마음을 주체할 수가 없었다. 기차역은 이미 수많은 관광객들과 저마다의 독특한 가면을 쓰고 카니발을 즐기려는 시민들로 붐볐다. 사람들을 따라 서둘러 밖으로 나왔다. 안개가 걷히자, 우리 발아래로 일렁이는 짙은 에메랄드빛 물결이 보였다. 머리 위로는 햇살을 잔뜩 머금은 민트색 돔 지붕이 기분 좋은 그림자를 드리우고 있었다. 그리고 마지막으로, 언제든 길을 잃을 준비가 된 수많은 사람들의 들뜬 표정이 보였다.

베네치아는 물 위에 지어진 도시이다. 셀 수 없이 많은 말뚝 위해 100여 개의 섬을 연결해 만든 신비한 도시이다. 200여 개가 넘는 복잡한 운하와 섬과 섬을 연결하는 수백여 개의 다리, 그 사이를 잇는 실핏줄 같은 골목들이 미로처럼 얽혀있는 베네치아에선 길을 잃는 게 대수롭지 않다. 완벽한 지도가 있다고 해도 하루에 한 번쯤 물 위를 헤매는 일이 당연한 일과이다. 길을 잃었다고 택시를 잡아

타거나 버스를 찾아 탈 수도 없다. 유일한 교통수단은 수로 위를 떠다니는 곤돌라와 보트가 전부이니까. *'근심 없이 생을 관통해 나가는' 곤돌라에 올라 물 위를 둥둥 떠다니거나, 두 다리로 좁은 골목을 열심히 헤매는 것 말고는 달리 방법이 없다. 그것이야말로 큰 기쁨이다. 길을 찾아 헤매며, 이 길이 어디로 이어질지 알 수 없는 그 불확실성에 온몸을 내던지며, 요람처럼 흔들리며 생을 관통해 나가는 물결에 온 시간을 맡기며, 이 아름다운 미로에서 내내 길을 찾지 않아도 될 것 같은 착각에 빠진다. 라틴어로 '계속해서 오라'라는 의미를 가진 베네치아의 이름이 이해가 되는 순간이다.

카니발 기간이 가까워 올수록 베네치아는 전 세계에서 모인 관광객들로 북적였다. 물밀듯이 밀려드는 관광객들로 좁은 골목은 넘치는 수조처럼 사람으로 넘실거렸고, 미로 같은 골목은 배낭과 트렁크로 꽉 채워졌다. 시간이 지날수록 사랑스럽던 베네치아는 우리가 감내하기에 너무나 버거운 상대가 되어가고 있었다.

행사가 끝나는 저녁이면 경찰들이 손에 손을 잡아 좁은 도로에 상하행선을 만든다. 비좁은 골목을 오고 가는 사람이 어찌나 많은지, 사람에 밀려 저절로 이리저리 움직이게 된다. 그 모습이 꼭 퇴근길 신도림역과 콩나물 시루 같은 강남행 만원 버스와 비슷하다.

* 괴테, 《베네치아 경구》, 《괴테 시전집》

젤라토를 사려고 줄을 선 사람들과 앞으로 나아가려는 사람들 사이에서 녹은 아이스크림이 뚝뚝 떨어져 발자국이 온통 민트색이다.

본격적인 축제가 시작되니 상황은 더욱 심각해졌다. 축제의 서막을 알리는 이벤트가 시작되던 날, 시작 시간이 저녁 6시임에도 불구하고 베네치아는 한낮부터 해일처럼 쏟아져 들어오는 여행자들로 이미 만석이었다. 녹은 아이스크림과 각종 쓰레기들을 밟으며, 겹겹이 출렁이는 사람 물결을 뚫으며, 행사가 열리는 수로 근처에 가까스로 도착했다. 수많은 인파 속에서 베네치아가 물 위에 지어진 도시라는 사실이 새삼 뼈아프게 다가왔다. 이대로라면 몰려드는 사람들의 무게에 도시가 곧 가라앉을 것만 같았기 때문이다. 섬이 가라앉을 정도로 몰려드는 사람들이 좀비처럼 보이기도 했다.

화려한 곤돌라들이 등장하는 수로를 따라서, 겹겹의 사람 벽이 둘러졌다. 수로에 발을 내리고 간신히 엉덩이만 걸터앉은 첫 줄, 그 뒤로 모판처럼 빈틈없이 빽빽하게 선 둘째 줄, 그 뒤로는 보일락 말락 머리 끝만 내민 셋째 줄이, 그 뒤로는 강둑을 따라 솟아난 갈대처럼 삐죽 튀어나온 카메라와 셀카봉들, 마지막에는 벽이든 난간이든 한 뼘이라도 높은 곳이면 어디든 올라선 사람들이 보였다. 엄청난 인파였다.

우리는 몸을 돌리기도 어려울 만큼 빽빽한 둘째 줄에 자리를 잡았다. 내내 우리와 어깨를 맞대며 서 있던 노부부는 미국에서 왔다. 지긋한 나이에 걸맞은 주름과 온화한 미소를 지닌 분들이셨다. 우리는 베네치아 여행에 대해 이야기를 나누고 가끔 준비해온 간식도 나눠 먹으며 축제의 시작을 기다렸다. 하지만 마침내 시작된 곤돌라 행렬은 몰려든 인파나 베네치아의 유명세를 생각하면 예상보다 훨씬 소박한 규모였다. 미국인 할아버지가 원피스를 곱게 차려입은 할머니에게 말했다.

"와우. 이게 무슨 디즈니-랜드지? 자기야, 우리 이걸 보려고 수천 마일을 날아온 거야? 웰컴 투 베니스-랜드!"

"글쎄. 아마 아닐 거야. 우린, 한국에서 이탈리아까지 달랑 가방 하나 들고 온 이 친구들을 만나기 위한 온 게 아니었을까? 하하. 이 친구들 이야기가 훨씬 재미있네. 안 그래, 허니?"

나이 지긋한 할머니의 농담에 우리 네 사람은 유쾌하게 웃었다. 할아버지는 모든 축제의 백미는 언제나 마지막 날이니 더 두고 보자고 덧붙이셨다. 우리는 물에 빠진 사람처럼 인파 속을 허우적거리다 두 분과 순식간에 헤어졌다. 마지막 날 어딘가에서 다시 만났으면 좋겠지만 이 수많은 사람들 틈에서 그들을 다시 만나기란 불가능에 가까워 보였다. 온통 사람들로 꽉 찬 섬을 개미와 경주할만한 속도로 빠져나오면서, 우리는 좀비에 물리지 않은 유일한 인간은 우리

둘이 아닐까 생각했다. 다들 제대로 축제에 감염된 듯 보였으니까.

즐거운 사람들 틈에서 우리는 반짝이는 곤돌라 대신 그토록 지겨워했던 심심한 일상이 절실해졌다. 여행자들의 디즈니랜드쯤으로 변한 섬 안에 일상은 없었다. 거리는 온통 화려한 기념품 숍뿐이었고, 현지인들이 매일 같이 들러 에스프레소를 마셔야 할 동네 카페와 저녁 준비에 필요한 햄을 사야 할 정육점 대신, 중국 음식점과 값비싼 레스토랑들이 들어서 있었다. 관광에 압도되고 여행에 질식당한 사람들은 섬을 전부 떠났고, 남아있는 이들은 놀이공원에서 일하는 직원처럼 과도한 미소를 짓거나 아무런 표정이 없다.

베네치아에 낮에도 밤에도 스산한 빈집들이 많은 이유를 아느냐며 미국에서 온 할아버지가 하셨던 말씀이 떠올랐다. 그게 다 온갖 호텔과 부자들의 별장이 많기 때문이라고, 날 좋은 일주일 이곳에 머물다 가는 부자들의 잠자는 별장과 억- 소리 나는 가격에 거래되지 못한 채 먼지만 쌓이는 빈 건물들이 늘어나기 때문이라고 말이다. 그렇게 숙박업소들이 야금야금 세를 넓힐 때, 천정부지로 급등하는 임대료를 감당하지 못한 주민들은 대부분 베네치아를 떠났다. 인구 6만의 섬에 매년 2000만 명의 관광객들이 몰려들어 섬은 가라앉기 직전에 몰렸고, 매년 수천 명의 주민이 베네치아를 탈출하고 있었다.

일상이 있어야 할 자리를 채우는 건 캐리어를 끄는 바퀴 소음뿐이었다. 어쩌면 곧, 베네치아는 진짜 테마파크가 될지도 모르겠다. 섬에 들어가는 입장료를 내고, 자유 이용권 팔찌를 두르면, 화려한 가면들이 수로 위에 둥둥 떠오르는 환상의 세계로 입장하는 것이다. 모두가 진짜처럼 아름답지만 정교하게 만들어진 가짜일 뿐이다. 그게 꼭 나쁜 일일까? 일상 속에 숨어들어 여행하고픈 사람들에게는 안 된 일이지만 일상을 빼앗긴 사람들에겐 오히려 잘된 일이 아닐까? 환상도, 현실도 아닌 그 묘한 경계에서 나 역시 아슬아슬한 줄타기를 하며 베네치아를 바라볼 뿐 어떤 말도 건넬 수 없었다. 앞사람이 뒷걸음질을 치다 내 발을 아프게 밟았다. 바짝 정신이 들었다. 이 섬을 떠날 때가 온 것 같다.

산마르코 광장*San Marco Piazza*은 유럽에서도 아름답기로 유명하다. 유럽에서 가장 우아한 응접실로 불릴 정도이다. '유럽에 얼마나 유명한 광장이 많은데, 감히 그런 수식어를 붙여도 되는 거야?' 하고 의심을 품었는데 괜한 일이었다. 산마르코 광장은 아름다웠다. 은은한 분홍빛이 감도는 외벽과 정교하기가 더 이를 데 없는 황홀한 조각들, 프레스코화의 검붉은 색감이 넓은 광장까지 그 색을 길게 빛내고 있었다.

산 마르코 대성당*Basilica di San Marco*은 어디에서도 볼 수 없는 독특한 위용을 자랑했다. 아마도 '베네치아 양식'이라는 새로운 건축 양식 때문일 것이다. 로마의 건축 양식에, 터키와 이집트에서 비롯된 건축 양식이 아름답게 혼재되어 있다. 화려하고 웅장했다. 고딕 양식과 비잔틴, 르네상스 등 복합적인 양식을 갖춘 독특한 두칼레 궁전*Palazzo Ducale*도 부드럽고 우아했다. 물결처럼 반복되는 아치와 해의 방향에 따라 빛을 달리하는 분홍색 대리석은 감동적이기까지 했다. 모네*Claude Monet*가 이 궁전을 일곱 번이나 그린 이유도 짐작이 갔다.

베네치아를 떠나던 날, 산마르코 광장에서는 카니발의 백미를 장식할 화려한 가장행렬이 준비 중이었다. 화려한 가면과 옷을 차려 입고 산 마르코 광장에 모여드는 시민들의 모습은 인상적이었다. 사진 촬영을 부탁하는 수많은 사람들에게 다정한 포즈로 자세를 잡아주는 가면 뒤의 사람들, 그리고 축제를 보기 위해 전 세계에서 온 사람들이 한데 어울려 산마르코 광장을 채웠다. 땅보다 하늘에 더 가까운 첨탑에서 천사가 강림하고, 보석보다 화려한 차림의 가면을 뽐내는 행렬이 끝없이 이어질 것만 같았다.

니체*Friedrich Wilhelm Nietzsche*는 산 마르코 광장을 걷고, 당대 최고의 사상가와 예술가들이 모이던 오래된 카페에 들르며 숱한 영감을 받았다고 한다. 이 광장의 아름다움, 그것을 찾아 이곳에 온 수많은 사람들의 들뜬 표정, 축제의 물결이 영원히 넘실거리는 곤돌라의 진동까지. *'지금 이 인생을 다시 한 번 완전히 똑같이 살아도 좋다는 마음으로 살기' 위해 그는 이곳에 왔을까?

축제가 한창인 화려한 인파 속에서 생각해본다. 나는 지금 이 축제 안에 영원히 살아도 좋을까? 이 생을 완전히 똑같이 살아야 하다면, 이 순간이 영원히 반복된다면, 어떤 여행을 해야 할까?

그러고 보면 내게 여행은 축제보다 일상에 더 가까운 모양이다. 일상에서 벗어난 화려한 축제의 맛보다, 일상의 시시함, 그 별 것 없음의 소중함을 확인하기 위해 멀고 먼 길을 떠나고, 다시 돌아오는 수고를 반복했다. 여행자들로 가득 찬 베네치아의 풍경에 실망하고, 화려한 축제와 어울리지 않는 멋쩍은 표정으로 이 도시를 바라보는 것도 이곳의 일상을 만나지 못했다는 아쉬움 때문이 아니었을까? 사람들이 살아가는 모양과 일상을 운영하는 규칙에서 영감을 얻는 일이, 어쩌면 여행에서 가장 중요한 게 아니었을까?

앞으로도 어떤 축제들은 그저 잠시 쉬어가는 휴게소로만 남을 수 있었으면 좋겠다. 축제가 끝난 뒤 남은 사람들이 다시 일상을 만들어갈 수 있었으면 좋겠다. 그리고 우리의 여행도 내내 일상을 앞지르지 않았으면, 시시하고 사소한 것에서 무언가 발견하는 여행이었으면 좋겠다.

* 프리드리히 니체, 《자라투스트라는 이렇게 말했다》

"허연의 시에 내가 정말 좋아하는 구절이 있어. *'얼음을 나르는 사람들은 얼음의 온도를 잘 잊고, 대장장이는 불의 온도를 잘 잊는다.' 몰입한다고 익숙해지지 않았으면 좋겠어. 익숙하다고 시시해하지 않았으면 좋겠어. 그리고 우리가 여행을 하는 동안에나, 여행이 끝나고 돌아간 일상에서나, 내내 우리 여행의 온도를 잊지 않았으면 좋겠어."

* 허연, 《얼음의 온도》

우리가 배낭과 바꾼 건

파도바, 이탈리아 ◦

"오, 파도바*Padova*? 파두아? 어떻게 읽는 거야. 여기 어때? 살아생전 도대체 들어본 적이 없는 도시야. 베네치아에서 오래 머물기에는 물가가 너무 살 떨렸잖아. 축제도 이제 시시하고. 그렇다고 밀라노에 가자니 내 패션이 너무 후지고. 이탈리아 토박이가 알려준 곳이라 더욱 믿음이 가. 여기로 가자."

"좋다, 파도바로 가자, 존 레넌! (짐을 줄이고 린스를 사용하지 못한 지 꽤 되었다. 그래서 내 헤어스타일이 존과 매우 비슷해졌다.)"

K와 나는 지금 파도바로 가고 있다. 예정대로라면 밀라노에 가는 길 위에 있겠지만, 어쩐 일인지 우리는 파도바로 가는 중이다. 사실 파도바는 본래 우리 여행 계획에 전혀 존재하지 않았던 도시이다. 심지어 이름조차 들어본 적이 없는 곳이다. 생각보다 일찍 베네

치아를 떠나게 되면서 우리는 당장 이탈리아 북부의 수많은 도시들 중 어디로 가야 할지 고민했다. 그러다 로마에서 만난 이탈리아 친구의 추천이 떠올라 급히 계획을 변경한 것이다. 그 친구는 파도바가 작지만 운치 있는 도시라며 꼭 한 번 가보길 권했다. 그런 소도시야말로 이탈리아를 제대로 즐기는 법이라면서. 가만 생각해보니 작고 한적한 소도시를 좋아하는 우리에게 딱 맞는 여행지였다.

우리는 터미널에서 급히 계획을 변경해 파도바행 버스표를 샀다. 밀라노에 머무르려던 계획을 바꿔, 이리도 갑자기, 그렇게 무작정 말이다. 사실 이런 일들은 모두 우리에게 짐이 없기 때문에 가능한 일이었다. 이스라엘의 텔아비브에서 이름도 생소한 리투아니아의 빌뉴스로 이동하고, 무작정 처음 들어보는 이름의 도시로 훌쩍 떠나고, 이 모든 변화는 우리가 가볍기 때문에 가능해진 일이었다. 그리고 우리는 그 속에서 자유와 해방감을 느낀다. 여행은 언제나 계획표 너머에, 모험은 늘 우연 이후에 있었다.

갑작스레 도착한 파도바는 쌀쌀한 날씨에도 산책을 멈출 수 없을 만큼 매력적인 도시였다. 멋스럽게 늙은 중세 시대의 건물들이 깊은 숨을 쉬고, 뜨거운 한낮의 해와 갑작스러운 비를 막아주는 둥근 아치형 지붕이 편안한 산책로를 만들어주었다. 그리고 이름조차 들어본 적 없는 이 낯선 도시 곳곳에는 미처 알지 못했던 재미난 이야기들이 잔뜩 숨겨져 있었다. 우리가 산책을 시작하던 식물원이 숨겨진 이야기의 실마리였다.

그저 초록빛 풍경이 좋아서 찾아갔던 동네의 식물원은 놀랍게도 세계에서 최초로 만들어진 식물원이었다. 1585년에 심은 '괴테 야자수'라는 별명을 가진 나무부터 유럽에서 가장 오래된 것으로 추정되는 목련은 무려 1786년에 심어진 것이라고 한다. 이름만으로도 아득한 식물과 지긋한 나이의 나무들 사이를 걷다 보면 시계 보는 일도 잊게 되는 매력적인 곳이었다.

식물원을 나와 자전거 타는 젊은이들이 모이는 공원을 지나면, 시간이 멈춘 듯 고요한 성당을 마주하게 된다. 고딕 양식인 첨탑과 비잔틴 양식인 둥근 돔 지붕이 독특해, 호기심에 무작정 들어선 성당이었는데 알고 보니 이 성당은 아주 특별한 의미를 가진 곳이었다. 잃어버린 무언가를 찾으려는 이들의 수호성인, 성 안토니오*St. Antonius* 때문이다.

성당 안 쪽에는 아주 어린아이의 사진부터 나이 지긋한 주름의 여인까지 수많은 사람들의 사진이 붙어 있었다. 그리고 그들을 그리워하는 가족들의 편지가 빈틈없이 성당을 채우고 있었다. 슬픔과 공허가 성당 구석까지 빼곡하게 자리 잡은 느낌이었다.

잃어버린 누군가를 찾기 위해 이곳을 찾는 수많은 사람들이 모두 성당에서 울고 있었다. 유럽에서 본 성당들 중 가장 슬픈 성당이 아니었을까. 사진 속 사람들도, 그들을 찾으려는 사진 밖의 사람들도 모두 정지된 시간을 살고 있었다. K와 나도 성당의 한쪽에서 고개를 숙여 마음을 다해 기도했다. 우리가 할 수 있는 일은 잃어버린 자들을 위해 울어주는 것뿐이었다.

기도를 마치고 성 안토니오 성당*Basilica di Sant'Antonio*을 나오면 길은 자연스레 파도바 시내로 이어진다. 시내 구석구석을 걸으며 우리는 자주 앳된 얼굴의 젊은이들을 만났다. 알고 보니 파도바는 이탈리아에서는 볼로냐에 이어 두 번째로, 세계에서는 파리에 이어 세 번째로 대학이 만들어진 도시였다. 단테와 갈릴레이가 교수로 재직했던 파도바 대학은 지금도 수많은 젊은이들로 가득했다. 그래서 파도바는 온통 책가방을 둘러맨 젊은이들로 북적인다. 두툼한 전공 서적을 복사하는 정겨운 프린터 숍과 가성비 좋은 푸짐한 식당은 물론, 다른 도시에서는 자주 볼 수 없던 만화방도 여럿 있었다. 도라에몽 인형을 만지작거리고 애니메이션 〈너의 이름은〉 포스터에 열광하는 스무 살 청년들이 모여드는 재미난 공간이었다. 커다란 가방에 전공 서적을 잔뜩 집어넣고 자전거를 타는 대학생과 연구실에서 논문 쓰느라 하루 종일 커피를 들이부을 것 같은 두꺼운 안경의 대학원생까지, 도시 전체가 커다란 학교, 좁은 골목이 복도처럼 보였다.

시내 중심부에 고풍스러운 카페 페드로키*Caffe Pedrocchi*는 그런 파도바 젊은이들의 상징과도 같은 곳이다. 1831년에 문을 연 이 카페는 줄곧 자유를 꿈꾸는 젊은이들의 아지트였다. 오스트리아에 대항하는 이탈리아 청년 운동이 시작된 역사적인 장소이자, 수많은 젊은 지식인들이 모여 내일을 토론하고 오늘을 작당하던 공간이었기 때문이다. 카페 페드로키를 포함해 이 도시에는 무언가에 몰두하는 젊은이들로 가득한 카페들이 많다. 우리도 한 카페에 들어가 그룹 과제와 시험공부에 매진하는 학생들 틈에 살포시 앉아보았다. 대학 시절의 우리가 떠오른다. 그때는 작은 상처에도 벌벌 떨었고 시시한 작별에도 애를 끓이곤 했다. 그리곤 벌을 받은 시시포스*Sisyphus*(그리스 신화에 나오는 코린토스의 왕으로 하데스를 속인 죄로 저승에서 영원히 무거운 바위를 산 정상으로 밀어 올리는 벌을 받았다.)처럼 술집과 학교를 오가며 자발적으로 아늑한 수렁에 빠지곤 했다. 진짜 나와 숨바꼭질하느라 온 시간을 허비했다. 삶은 모르는 것 투성이었고 생은 지루하기만 한 굴레였다.

이 도시는 지난 수백 년 동안 시시하던 대학 시절의 나와 같은 젊은이들이 주인이었다. 진짜 자기를 찾기 위해 학문과 겨루고, 끝없이 사랑에 패배하며 힘겹게 저스틴 비버와 이별하는, 자신의 역사를 새로 쓰기 위해, 그래서 마침내 확실하고도 특별한 자기를 빚기 위해 치열한 자신과의 결투가 벌이는 그런 젊은이들 말이다. 우리의 여행도 그런 결투가 아닐까? 새로운 나를 만들기 위해 실패하고 또 실패하는. 아이와 어른 사이의 배회하며 새로운 나로 성장하기 위해 끝없이 건투를 다짐하는. 우리는 그런 파도바가 참 좋아서 도시를 이리저리 쏘다니며 산책을 멈추지 않았다. 파도바를 떠나는 날까지.

오래도록 파도바를 걸으며 생각했다. 우리가 아무도 관심 없는 이 도시에 매료될 수 있었던 건 모두 산책 덕분이라고, 파도바에 누군가의 과거와 우리의 미래도 있다고 여기게 된 건 순전히 우리가 이 도시를 천천히, 오래 걸었기 때문이라고. 그리고 그 산책은 배낭 대신 받은 선물 같은 거라고 말이다. 이전의 여행에서는 온전히 산책에 집중하기 힘들었기 때문이다. 왜? 배낭이 무거우니까. 어깨를 짓누르는 배낭의 무게 때문에 어디든 빨리 들어가 짐을 내려놓고 싶었으니까.

여행을 떠나기 전에는 무엇이든 자세히 보고, 도시의 사소한 얼굴도 면밀히 살피는 여행을 꿈꿨는데, 여행이 길어질수록 사람만 한 배낭을 이고 도시를 걷는 일은 무중력 체험처럼 기이한 현상에 가까워졌다. 더욱 괴로운 건 형벌처럼 나를 짓누르는 짐의 무게가 나에게만 불한당不汗黨이 아니라는 점이다. 좁은 버스나 지하철 안에서, 사람으로 붐비는 거리에서, 우리의 짐은 타인의 산책마저 방해하는 악당이 되곤 했다. 모처럼만에 휴일을 훼방 놓는 우리의 배낭은 사람들의 일상과 부딪혀 줄곧 불협화음이 되고 있었던 셈이다.

◦

작년 봄, 스페인 세비야Sevilla에 도착한 그날도 마찬가지였다. 그날은 이르게 찾아온 불볕더위에 온 도시가 녹아내릴 정도로 달아올라 있었다. 세비야가 어떤 도시인지, 거리를 거니는 사람들의 발걸음은 어떠한지, 도대체 쳐다볼 힘이 없었다. 지글지글 아지랑이가 쉼 없이 피어오르는 아스팔트 위를 걸으며 돌덩이 같은 배낭을 당장에 집어던지고만 싶었다. 우리는 부딪히는 사람들을 피해 걷느라 애를 쓰며, 비 오듯 흐르는 땀을 닦으며, 숙소를 찾느라 생고생을 했다. 도착한 숙소는 무려 6층이었고 엘리베이터는 없었다. 우리는 그 무거운 배낭을 지고 걸어서 6층까지 올라가야 했다. 우리를 기다리던 호스트는 배낭을 보고 깜짝 놀랐다.

"오! 집에 엘리베이터가 없어서 미안해. 굉장히 무거웠겠다. 너희들 배낭은 마치, 거대한 카세타Caseta 같아! 큭큭."

카세타는 대형 천막이다. 세비야의 봄 축제를 즐기려는 사람들이 파티를 여는 대형 천막인데, 보통 100명 이상이 들어갈 수 있는 넓은 공간을 이룬다. 우리 배낭을 보고 카세타라니, 무거운 짐 때문에 자유롭게 걸을 수 없다니, 이게 여행인지, 고행인지 알 수 없었다. 예전에는 '짐을 이고 다니는 내 모습이 얼마나 멋지냐. 다들 보아라!' 의기양양했는데, 지금 생각해보니 참 우스운 꼴이었다. 우리는 자기만 한 집을 지고 평생을 걸어야 하는 괴로운 달팽이였다.

○

인간은 걷는 만큼 존재한다고 했다. 여행도 마찬가지가 아닐까? 우리는 파도바를 걸으며 우리가 비로소 진짜 여행을 하고 있다고 생각했다. 그저 버스로 오며 가며 보았다면 알지 못했을 도시의 매력을 걸으며 발견했기 때문에, 우리가 찾을 생각도 하지 않았던 무언가를 길 모퉁이에서 우연히 마주치고 과거의 나와 미래의 나를 연결하는 도저히 이름 붙일 수 없는 귀한 여백을 마련했기 때문에. 천천히 걸으며 발견하는 여행의 즐거움 덕분에 우리는 파도바에서 무려 삼 주를 머물렀다. 예전처럼 그저 여행을 왔다면 딱히 볼 것도 없고 지루해서 쉽게 지나쳐버렸을, 작고 심심한 도시에 말이다.

*'산책할 수 있다는 것은 산책할 여가를 가진다는 뜻이 아니다. 그것은 어떤 공백을 창조해 낼 수 있다는 것이다. 산책할 수 있다는 것은 우리를 사로잡고 있는 일상사 가운데 어떤 빈틈을, 나로서는 도저히 이름 붙일 수 없는 우리의 순수한 사랑 같은 것에 도달할 수 있게 해 줄 그 빈틈을 마련할 수 있다는 것을 말한다. 결국 산

* 장 그르니에, 《산책》

책이란 우리가 찾을 생각도 하지 않고 있는 것을 우리로 하여금 발견하게 해주는 수단이 아닐까?'

오랫동안 머물렀던 파도바에서의 일상은 아주 단조롭다. 하루 중 중요한 일과는 정해진 시간에 산책을 나서는 것뿐이다. 아침 8시, 샤워를 마치고 젖은 머리를 툭툭 털며 길을 나선다.

드라이기가 없어 매일 젖은 머리를 말리는 게 일이었지만, 이제는 아침 산책의 햇볕과 불어오는 바람으로 머리를 말리는 일이 귀하다. 젖은 머리를 펄럭이며 공원을 걸을 때마다 행복하다. 드라이기를 넣을 배낭 대신 아침 산책의 기쁨을 얻었다. 짐이 없는 우리에게 필수품은 더 이상 드라이기가 아니다. 엑셀을 열어두고 배낭 안을 가득 채울 물건들을 적을 필요도 없다. 대신 우리는 머릿속에 필요한 몇 가지만 생각한다. 정해진 시간에 시작하는 4시간의 산책, 머리를 말릴 햇살, 그날에 맞는 시 한 구절. 그것이면 여행은 충분해진다.

"어쩌면 우리가 짐과 바꾼 건 시간이 아니었을까? 여행을 하면서도 짐에 치이고 시간에 쫓기곤 했잖아. 출근하듯이 집을 나서서, 업무 보듯이 사진을 찍고."

"그래. 배낭을 옮기고, 짐을 쌌다가 다시 풀고, 서둘러 관광 명소를 보고, 습관적으로 사진을 찍고. 배낭과 맞바꾼 건 산책이 아니었을까? 우리에게 생긴 빈 시간에 느긋하게 산책을 즐길 수 있게 되었잖아. 어쩌면 짐이 없어서 비로소 우리가 바라 왔던 여행을 즐길 수 있게 되었는지도 몰라."

다정한 무관심

파리, 프랑스 。

"뭘 그렇게 뒤져, 어차피 달랑 한 벌인데."

스무 가지 정도의 물건이 들어있는 작은 가방을 아무리 뒤져도 마땅히 입을 만한 옷이 없다. 잠옷으로 입는 얇은 옷 한 벌과 외출복 한 벌이 전부니, 이건 고민해봐야 답은 하나인 객관식이다. 20킬로그램의 짐을 2킬로그램으로 줄일 때 큰 부피를 차지하던 주인공은 바로 여러 벌의 옷이었다. 혹시 몰라 챙겨 온 여벌의 티셔츠들, 또 모르니 준비한 무거운 청바지, 그래도 몰라서 추가한 두툼한 등산화까지 제하니 가방은 금세 가벼워졌다. 그렇게 우리는 딱 한 벌의 옷으로, 두 달 넘게 유럽을 여행 중이다.

늘 같은 옷을 입는 단벌 여행자로 지내는 데에는 꽤 큰 장점이 있다. 옷이 한벌이니 매일 아침 무얼 입을지 고민할 필요가 없고, 거울을 보며 불필요한 시간을 소모하지 않아도 되니 바쁜 아침이 한결 여유로워진다. 전 세계의 여행자들이 갖가지 색의 옷을 입고 셀피*Selfie*에 열을 올리는 로마에서도, 개성 있는 젊은이들의 패션이 번뜩이는 네덜란드의 암스테르담에서도 옷 한 벌로 버텼다. 그런데 오늘 아침은 달랐다. 별 것 없는 짐들을 뒤적이며 거울 속 내 모습에 한숨이 나온다. 그건 아마도 오늘 우리가 파리*Paris*로 떠나기 때문일 거다.

'길고 복잡한 식사 예절과 무덤을 거니는 우울한 철학자의 산책, 낭만의 출생지이자 예술가들의 수도 그리고 세련된 파리지앵의 외투 자락…' 파리를 생각하면 떠오르는 몇 가지이다. 마지막에 떠오른 단어를 중얼거리며 비행기 안의 사람들을 둘러본다. 파리행 비행기를 올랐다는 이유만으로 왠지 모두들 남다른 패션 감각을 지닌 것 같다. 잘 손질된 낡은 구두를 신고, 자로 잰 듯 발목에 딱 떨어지는 파란색 슈트를 입은 사내는 좁은 복도를 런웨이처럼 걸어 다녔다. 짙은 초록빛 외투에 닿으며 아무렇게나 흐트러지는 얇은 머리칼과 사랑스럽게 비쥬*Bisou*를 나누는 두 여성의 복숭아 같은 뺨이 꼭 영화의 한 장면 같다. 이렇게나 멋스러운 파리의 패셔니스타 사이를 하수구처럼 우중충한 차림으로 걸어 다녀야 하다니. 곧 비행기가 무거운 구름을 뚫고 하강했다. 하늘 아래로 유유히 솟은 철탑이 우아한 이곳, 저항과 관용이 조우하는 또 다른 세계, 유럽의 대문, 파리이다.

도착한 오를리 공항은 예상보다 작고 심플했다. 필요한 것들이 필요한 장소에, 군더더기 없이 잘 정리되어 있었다. 알기 쉬운 픽토그램과 깔끔한 안내 표시 덕분에 시내로 나가는 트램을 수월하게 찾을 수 있었다. '꼬띠 도우와*Côté droit*, 트랜스포트 엉 꼬뮝*Transport en commun*.' 어설픈 발음으로 몇 개의 불어를 중얼거리다 보니 마음 안에 묘한 흥분이 일었다. 누구나의 로망이자 모든 이의 낭만인 파리에, 이름만으로도 무수한 예술가들을 설레게 했던 그 파리에 드디어 내가 왔다고 호들갑을 떨며 트램을 기다렸다. 아무도 없는 트램역에서 발을 동동 구르고 백스텝까지 선보이며 온갖 방정을 떨다 트램에 올랐다. 올라탄 트램 안은 요동치던 흥분이 싹 달아날 만큼 고요했다. 누군가 얼굴에 찬물을 잔뜩 끼얹은 듯 정신이 퍼뜩 들었다. 트램 안의 파리지앵들은 모두 긴 머플러를 칭칭 두른 채 미동도 없었다.

시내에 들어와서 갈아탄 지하철에서도 마찬가지였다. 몇 마디 조심스레 이야기를 나누는 건 K와 나, 아니면 파리를 찾은 또 다른 여행자들 뿐이었다. 파리지앵 그 누구도, 타인에게 별 관심이 없었다. 그저 조용히 자신의 할 일에 집중할 뿐이었다. 겨울의 파리 공기만큼이나 냉랭한 사람들의 무관심이 어쩐지 익숙지 않아 헛기침을 몇 번 했다. 세상에, 아무도 내게 관심이 없다니. 차림새를 신경 쓰며 가방을 뒤지던 어젯밤 내 모습이 머쓱해졌다. 사실은 이게 진짜

벌칙인가 싶은 생각이 들 때쯤, 지하철이 파리 중심부에 이르렀다.

파리에 도착하자마자 향한 곳은 카페였다. 물가가 비싼 유럽에서 우리는 늘 장을 봐 밥을 지어먹고, 1유로에 벌벌 떠느라 레스토랑은커녕 카페에도 제대로 가본 적이 없다. 주방 이용이 편리한 에어비앤비의 숙소를 이용하기 때문에 대부분의 식사는 동네 시장에서 구입한 재료들로 직접 요리해 먹었다. 함께 사는 친구들과 음식을 나눌 수 있고, 그 나라의 시장을 체험하며 동전 몇 개로 도시의 물가를 헤어리는 일이 꽤 재미있다. 유럽의 경우는 집집마다 커피를 내려마시는 다양한 기구들이 있어, 좋은 커피도 쉽게 마실 수도 있었다. 이탈리아에서는 집집마다 모카 포트가 있었기 때문에 집에서도 신선한 커피를 마실 수 있었다. 하지만 파리에서는 차마 카페를 포기할 수 없었다. 17세기 처음 프랑스에 카페가 생긴 이후로 카페는 항상 문학과 지성의 상징이었다. 1881년 문을 연 카페 드 플로르 *Café de Flore*가 그 상징의 시작이었다. 장 폴 사르트르*Jean Paul Sartre*와 시몬 드 보부아르*Simone de Beauvoir*, 어니스트 헤밍웨이와 알베르 카뮈*Albert Camus*와 아르튀르 랭보*Arthur Rimbaud*까지 수많은 문학가들이 이 카페에 머물며 문학과 예술을 논했다. 도저히 그냥 지나칠 수가 없다.

우리는 역에서 내려 카페를 향해 뛰듯이 걸었다. 사르트르는 카페 드 플로르로 가는 길이 자유에 이르는 길이라 썼다. 자유에 이르는 길이라니, 주먹을 꽉 쥐고 뛰듯이 걸을 수밖에! 우리는 감옥을 부수고 나온 탈옥수처럼 생경한 자유를 느끼며 카페를 향해 달렸다.

저 멀리 옅은 미색의 차양과 그 아래서 신문을 읽는 노신사가 보였다. 두꺼운 안경을 쓰고 신문을 읽는 할아버지와 잘 차려입어 더 외로워 보이는 중년 여성이 커피를 마시고 있었다. 쌀쌀한 날씨에도 야외 테라스에는 커피를 마시는 사람들로 가득했다. 인상 좋은 노신사와 짧은 눈인사를 주고받으며 카페 안으로 들어섰다.

모딜리아니*Amedeo Modigliani*의 그림에서 본 듯한 붉은색 소파가 먼저 보였다. 소파 앞에는 짙은 갈색의 탁자들이 운치 있게 놓여 있었다. 그 모습이 마치 프랑스 영화 〈쥴 앤 짐〉에 등장하는 오래된 카페와 똑 닮아 있었다. 우리는 카페에 앉아 담배를 피우던 쥴과 짐이 된 것처럼 멋지게 발걸음을 옮겼다. 오랜 시를 품은 카페 안은 충분히 풍요롭고, 적당히 쓸쓸한 냄새가 났다. 사르트르는 카페 구석에 자리를 잡고 10시간씩 꼬박 사색에 잠기거나 글을 썼다고 한다. 과연 사색이 어울리는 공간이다.

'널 볼 때마다 떠오르는 이 말들을 결코 말하지 않을 거야. '네가 좋아. 내 몸과 영혼을 다 바쳐. 넌 내 운명이고, 내 영원한 생명이야'라고.'

아차. 사르트르에게 사과한다. 이 문장은 보부아르가 사르트르에게 쓴 문장이 아니다. 후에 보부아르가 사랑에 빠진 열여덟 살 연하의 남성에게 보낸 연서였다. 나는 지금도 사르트르와 보부아르의 관계, 서로의 자유를 위해 새로운 실험을 마다치 않는 두 사람의 관계를 애정 하지만, 오늘 이 카페의 분위기는 사랑이 넘치는 연애편지의 한 구절이 어울릴 만큼 로맨틱했다.

한동안 사랑이 넘치는 편지 속 문장들을 외우며 기분 좋은 공상에 빠져있었다. 그러다 얼굴까지 거품이 튀도록 세게 놓이는 카푸치노 때문에 꿈에서 깨듯 현실로 돌아왔다. 성큼성큼 다가와 카푸치노를 탁- 내려놓고 돌아서는 연미복의 종업원은 많이 시큰둥했다. 무뚝뚝한 표정으로 자기 할 일만 하는 종업원의 은빛 쟁반이 어찌나 무심한지, 휙- 돌아서는 뒤통수에 작게 '메르시*Merci*'라고 중얼거리다 민망해서 말끝을 흐렸다. 커피 한 잔을 시켜도 어디에서 왔는지, 어떤 도시를 여행하는지 물어오며 친근함을 과시하던 이탈리아와는 전혀 다른 분위기였다. 어쩐지 춥고 외로운 기분이 날씨 때문만은 아닌 듯했다.

카페를 나와 주변을 걸으며 시간을 보낸 후, 집주인이 퇴근하는 시간에 맞춰 숙소로 향했다. 파리 외곽에 위치한 숙소는 마당이 넓은 집이었다. 뒤뜰에는 몇 가지 채소를 심었고 각종 농기구와 잡동사니를 보관하는 창고도 한편에 마련되어 있었다. 마당을 정리하며 우리를 기다리던 앙리가 일어나, 반가운 얼굴로 악수를 건넸다.

"반가워, 앙리! 앙-리- 이 발음이 맞나? 하하."

"걱정 마, 불어가 익숙할 리 없으니까. 춥지? 따뜻한 커피나 차를 한 잔 마실래?"

"좋지! 그런데 앙리, 파리지앵들은 정말 시크해. 이것이 프렌치 시크인지, 좀 차갑달까? 아무튼 사람들 때문에 파리가 더 추운 것 같아."

"하하. 여긴 파리니까! 하지만 사람들이 널 경계해서 그런 게 아니야. 널 존중하기 때문이지, 시크하게."

앙리는 파리 사람들의 냉랭한 태도를 존중이라고 불렀다. 파리지앵을 상징하는 자유이자, 그들이 타인을 완벽히 존중하는 태도라고, 그 무심함이. 파리에서 머무는 시간이 길어질수록 앙리의 말을 곰곰이 생각해보게 되었다. 빠른 걸음으로 너른 대로를 걷는 사람들 모두 적당히 무심했다. 격정적인 키스를 나누는 커플과 다소 과감한 포즈의 셀피족도 그저 못 본 듯 지나친다. 들뜬 표정으로 목소리를 높이는 여행자 사이에는 늘 무심한 표정의 파리지앵이 있었다. 여행객들로 넘쳐나는 정신없는 파리에 든든한 무게추를 달아주는 건 그런 무심한 파리지앵의 표정이 아닐까?

처음에는 누구라도 무정하다 하겠지만 자세히 보면 그건 무심한 배려일지 모른다. 무심하나 무례하지 않고, 시크하나 차갑지 않은. 빈자리는 어른에게 양보하고, 아이들이 타면 기꺼이 일어나 자기 자리를 내어주고, 다음 사람을 위해 무거운 문을 잡아주며, 누군가 길을 물으면 최선을 다해 알려주던 파리의 사람들. 그저 쌀쌀맞게만 보였던 그들의 태도는 그들만의 방식으로 타인의 공간을 존중하는 과정이었다. 어쩌면 그들의 다정한 무관심 덕분에 파리 안의 어느 누구도 방해받지 않고 자신만의 자유를 온전히 누리고 있는 게 아닐까?

우리도 언젠가부터 이들의 다정한 무관심이 반갑게 느껴졌다. 그들의 무표정에서 더 없는 자유를 누렸기 때문이다. 길거리에서 이상한 춤을 추든 말든, 유행 지난 촌스러운 헤어스타일을 고수하든 말든, 매일 똑같은 옷을 입든 말든, 사람들은 내게 전혀 관심이 전혀 없었다. 다른 사람이 나를 어떻게 볼까 신경 쓰지 않아도 된다는 사실은 일상 속의 짜릿한 반칙이자, 전혀 새로운 리듬이었다. 그리고 누구든 무엇이든 해도 된다는 격려이기도 했다.

파리에 오기 전까지는 알게 모르게 다른 사람의 시선을 신경 썼다. 매일 새로 만났다 헤어지는 희미한 얼굴들, 유명 여행지에서 잠깐 스쳐 지나는 불투명한 눈빛들을 왜 그리 신경 썼을까? 습관이었다. 도무지 고쳐지지 않는 나쁜 습관. 다른 사람들이 모두 가지고 있는 물건은 반드시 소유해야 한다는 강박, 유행에 뒤처지지 않는 차림새를 유지해야 한다는 억압, 평균을 맞추기 위해 삐져나온 팔은 자르고 무릎은 굽혀야 했던 악습. 끊임없이 남과 비교하고 타인을 의식하는 못된 습관들이 아침 해에 길게 늘어진 그림자처럼 진득하게 우리를 쫓아다녔다.

파리의 무관심은 우리를 그 지독한 습관으로부터 해방시켰다. 대체로 무표정한 도시와 주로 무신경한 사람들은 별 것 아니라는 표정으로 별난 우리를 스쳐갔다. '매일 똑같은 옷을 입는 게, 뭐 어때서? 짐 없이 여행하는 게 뭐 별거야? 관심 없지만 네 삶은 존중해, 그러니 당신도 타인의 삶을 아껴줘'라고 말하는 듯한 파리 사람들. 그들 덕분에 우리는 비로소 자유로워졌다. 그리고 남의 시선에서 자유로워진다는 건 생각보다 더 근사한 일이었다. 내가 어떤 옷을 입었는지 보다 내가 왜 이 옷을 입었는지가 더 중요해지고, 남들이 나의 차림에 대해 하는 말보다 내가 나의 차림에 대해 담아내는 이야기가 더 중요해지기 때문이다. 어째서 옷이 한 벌뿐인지, 짐을 줄이고 여행하는 이유가 무엇인지 가감 없이 이야기할 수 있게 되었다. 내 생각이 틀렸을까, 내 삶이 남과 얼마나 다를까 검열하지 않아도 되었다. 마침내 스스로 말할 수 있게 된 기분이다. 비로소 나의 이야기를 허풍이나 과장 없이, 거짓과 조작 없이. 인스타그램에 전시하는 사진 말고, 보정 없이 걸어놓는 재미없는 진짜 사진처럼.

파리에서의 마지막 날 아침도 우리는 같은 옷을 꺼내 입었다. 하지만 우리는 더 이상 다른 사람들이 우리를 어떻게 볼까 걱정하지 않는다. 그저 마음을 다해 여행에 집중하고 내 안의 소리에만 귀 기울인다. 가볍게 떠나는 이 여행이 누군가에게 보여주기 위한 사진이 아니듯, 오늘 아침과 우리의 일상도 어딘가에 전시하기 위함이 아니니까. 남과 비교하며 불행해지는 건 이제 그만할 때도 되었으니까.

앙리가 준비한 마지막 식사는 감자 수프였다. 차가운 마룻바닥에 발을 딛고 뜨끈한 수프를 마시니 뱃속이 심해처럼 눅눅하고 편안해졌다. 우리는 우리의 가벼운 여행에 대해 이야기했고 앙리는 시크하게, 별 것 아니라는 듯 우리 이야기를 가만히 들었다. 재미없다는 듯, 관심 없다는 듯, 그렇지만 마음을 다해 우리를 존중하며. 우리를 끈질기게 따라붙었던 그림자가 서서히 짧아져감을 느낀다. 그림자의 꼭지가 보일락 말락 한다. 정오가 머지않은 기분이다.

"배낭 없이 여행하면서 제일 크게 변한 건 남들에게 보이는 모습에 신경 쓰지 않게 되었다는 거, 누군가의 삶과 나의 삶을 비교하며 끊임없이 평균을 맞추려 하지 않게 되었다는 거야. 옷 한 벌로 100일 간 여행을 하리라고는 상상도 못 했는데 별 큰 일도 안 생기잖아? 이젠 낡은 가방과 목 늘어난 티셔츠가 아무렇지도 않아. 정말."

“그래, 맞아. 비키니를 입은 백발의 할머니, 예쁜 원피스를 입은 뚱뚱한 남자, 화장하지 않은 젊은 여자와 촌스럽게 머리를 기른 기타리스트 그리고 매일 같은 옷을 입는 여행자. 누군가는 별나다 할지 모르겠지만 다들 각자의 모습을 솔직하게 보여주는 것일 뿐이지. 어쩌면 매일 같은 옷을 입을 수 있다는 건 편견에서 자유롭다는 뜻이 아닐까? 나만 다르다고 초조해하지 말고, 모두 각자의 방식으로 자유롭게 살았으면 좋겠어. 다른 사람들의 시선에 맞춰 인생의 중요한 결정을 대신하지 말고, 몇 가지 기준으로 사람과 삶을 판단하지 말고.”

여행이 한 편의 영화라면

파리, 프랑스

여행을 하는 동안 누구나 맑은 날씨와 파란 하늘을 기대한다. 매일 술래가 된 기분으로 파란 하늘과 숨바꼭질하며 좋은 날씨를 찾아 헤맨다. 날이 흐리거나 비라도 오면 괜히 여행을 망치는 기분이 든다. 공원을 걷기로 한 날에는 부슬부슬 비가 오고, 실내 박물관에 가거나 숙소에서 쉬는 날이면, 꼭 해가 반짝 떠 날이 기가 막히게 좋다. 참 얄궂은 날씨의 법칙이다.

창 밖으로 보이는 새파란 하늘이 괘씸할 때면 잔뜩 토라진 중학생의 얼굴을 하고는, 하늘을 등지고 앉는다. 하지만 커다란 창으로 쏟아지는 햇살이 슬며시 뒤통수를 쓸어내리는 기분에 배꼽이 간질거려, 냉큼 창을 마주 보고 앉는다. 방 안으로 밀려드는 기분 좋은 햇살이 이내 나의 뺨을 쓰다듬는다.

"가만 생각해보면, 이것도 참 행운 아닌가? 파란 하늘을 이렇게 아늑한 집 안에서, 온전히 즐길 수 있다니 말이야. 저기 파도처럼 커튼을 밀고 들어오는 햇살을 봐."

"맞아. 자고로 도시가 이리 컬러풀한 날에는 집에 있어야지. 적어도 파리에서는."

곰곰이 생각해야만 의미가 되는 것들이 있다. 날씨가 흐린 날 산책을 한다는 것, 파란 하늘이 기가 막힌 날 집 안에 머문다는 것, 모두 괘씸한 법칙 같지만 사실은 의미 있는 변주이다. 흐린 날 걸어야만 볼 수 있는 센 강*La Seine*의 물안개와 비가 내리는 날에만 들리는 어느 철학자의 독백을 생각하면, 여행의 함정 같던 날씨의 법칙이 꽤 괜찮은 일상의 변주가 된다. 특히 그 어느 도시보다 흑백 프레임이 잘 들어맞는 도시, 파리에서는 그런 묘한 날씨의 법칙이 더없이 완벽한 변주가 된다. 파리는 언제나 흑백 스크린에서 시작하는 한 편의 영화 같은 도시이니까.

겨울의 파리는 강에서 불어오는 세찬 바람과 흐린 날씨 덕에 꽤나 쌀쌀하다. 게다가 한 달 중 열흘은 비가 내리다 보니 운이 나쁘면 내내 비 오는 파리를 여행해야 한다. 우리가 머물던 이 주일 동안의 파리 역시 내내 흐렸다. 하지만 우리는 잔뜩 찌푸린 날씨의 파리가 싫지 않았다. 아마도 사진을 좋아하는 K와 영화를 좋아하는 내가 파리를 보며 떠올리는 최초의 장면이 흑백의 미장센이기 때문일 거다. 그 애는 아찔한 에펠 탑*la Tour Eiffel* 위에 춤을 추듯 서 있는 페인트공을 찍은 마크 리부*Marc Riboud*의 사진을, 나는 트뤼포의 영화 〈쥴 앤 짐〉에서 세 주인공이 철교 위를 달려 나가는 영화 속 장면을 떠올리니까. 그러니 우리에게 파리가 한 장의 흑백 사진 혹은 한 장면의 흑백 영화일 수밖에. 그래서 우리에게 흐린 날의 파리는 더없이 훌륭한 미장센이다.

우리는 비라도 올 듯 잔뜩 날이 흐리면 흑백 영화 같은 파리의 거리를 신나게 걸어 다녔다. 파란 하늘이 얼굴을 비출 때에는 조용히 카페에 숨어들었다가, 다시 날이 흐려지면 파리 구석구석을 천천히 그리고 오래도록 걸었다. 빅토르 위고*Victor Hugo*는 파리지앵은 길을 잃으면 산책을 한다고 말했고, 에드먼드 화이트*Edmund White*는 파리를 게으른 산책자의 도시라고 불렀다. 파리지앵이야말로 길 잃기를 두려워하지 않고 그저 어슬렁 거리며 길 위에서 몽상할 줄 안다고. 보들레르는 빈둥거리며 파리를 걷는 산책자를 예술가이자 시인이라 부르며, 플라뇌르*Flanuer* 도시 산책자라고 이름까지 붙였다. 뚜렷한 목적 없이 한가롭게 거리를 거닐고, 변화하는 도시의 표정을 그저 관찰하고 몽상하는, 이런 산책이야말로 파리에서 탄생할 수 있는 위대한 예술이 아닐까? 그러니 이 흐린 화면 속 파리를 도대체 걷지 않을 수 없다. 만약 누군가 진짜 파리지앵이 되기를 꿈꾼다면 말이다.

파리를 걸으며 나는 이 도시 자체가 거대한 영화관으로 보였다. 파리에서 어딘지 모르게 익숙한 거리들은 반드시 어느 영화 속의 무대였기 때문이다. 영화 〈쥴 앤 짐〉의 카트린이 몸을 던졌던 한 밤의 센 강을 걷고, 지금도 파리를 오가는 영화 〈라붐〉의 84번 버스를 따라잡으려 뛰어보기도 했다. 또 영화 〈비포 선셋〉의 제시와 셀린느가 재회한 서점, 셰익스피어 앤드 컴퍼니*Shakespeare and Company*를 헤밍웨이처럼 드나들고, 영화 속 아멜리에가 물수제비를 뜨던 운하에 앉아 괜스레 K에게 장난을 걸기도 한다. 그 무수한 영화 속 장면들이 파리의 산책을 오데옹 거리*Rue de l'Odéon*에서 시작하는 이유이기도 하다.

온갖 예술 극장과 헌책방으로 붐비는 오데옹 거리는 파리지앵들이 가장 파리다운 동네로 꼽는 곳이다. 오데옹 국립 극장*Théâtre National de l'Odéon*을 중심으로 뻗어나가는 작은 골목마다 1900년대의 흑백 영화를 상영하는 예술 영화관들이 즐비하다. 어느 골목의 작은 영화관에서는 1968년도의 영화를 최신작인 듯 홍보 중이고, 시네필*Cinephile*들을 유혹하는 낡은 자료가 쌓인 서점이 동네 곳곳에 숨어있다. 모든 영화인들의 영원한 뮤즈가 파리라는 사실이 오데옹 거리에서 더욱 생생하게 다가왔다.

우리는 작은 영화관에서 예술 영화 한 편을 보거나 낡은 서점에 들러 읽을 수 없는 책들을 뒤적였다. 그러다 헤밍웨이가 서재처럼 들르던 오데옹 12번가를 지나, 비로소 기나긴 파리의 산책을 시작했다.

오데옹에서 기지개를 켠 산책은 그날의 날씨와 기분에 따라, 뤽상부르 공원*Le Jardin du Luxembourg*과 퐁피두 센터*Centre Pompidou*로 길이 나뉜다. 모처럼 날이 맑아지면 뤽상부르 공원으로 향한다. 우리는 여느 파리지앵처럼 공원에 놓인 초록색 철제 의자에 앉아 아주 오랜만인 것처럼 햇볕을 쬔다. 겨울잠에서 막 깨어난 곰처럼, 비 오는 저녁 난로 앞에 모여 앉은 아이들처럼, 고개를 들고 햇살에 흔들리는 해바라기처럼 느릿하게 그러나 정성스럽게 해를 쬔다. 그리고는 가까운 거리에 있는 몽파르나스 묘지*Cimetiére du Montparnasse*로 간다. 붉은 입술이 훈장처럼 찍힌 사르트르의 묘 앞에서 자유롭도록 선고받은 삶을 어찌해야 할지 잠시 고민한다. 아주 잠시만. 그리고 고요하고 음울한 묘지 안을 살금살금 걸으며 한껏 평화로워진 마음을 업고 다시 길을 나선다.

날이 여전히 흐리다면, 퐁피두 센터로 간다. 퐁피두 센터로 가는 길에서 '오늘은 퐁네프 다리에 다가갈 수 있을까?' 고민하지만 결국은 건너지 못한다. 그저 멀리서 바라볼 뿐이다. 영화 〈퐁네프의 연인들〉은 내가 처음 절망한 사랑이자, 처음 만족한 불안이었다. 시력을 잃어가며 거리를 방황하는 화가 미셸과 다리 위에서 노숙을 하며 곡예를 부리는 알렉스. 미셸이 다리를 떠나지 못하도록 그의 얼굴이 그려진 포스터에 불을 지르던 알렉스의 얼굴이 내 마음속 한 구석에 흉터로 남아있다. 아마 내가 더 늦은 나이에 이 영화를 보았다면 나의 첫사랑은 완전히 달라지지 않았을까? 혹시라도 그 다리에서 '널 진심으로 사랑한 적은 없다'는 미셸의 낙서를 찾게 될까 두려워, 오늘도 먼발치에서 두 사람을 바라본다. 터지는 폭죽을 향해 총을 쏘아 대는 미셸과 모든 걸 크게 해 달라는 그의 부탁 앞에서 곡예를 부리던 알렉스를 생각하며 걷다 보면, 금새 퐁피두 센터에 도착한다.

퐁피두 센터는 외부로 노출된 철제 구조물과 푸른 원형 기둥들이 교차하며 만들어진 독특한 외관을 자랑한다. 화려한 곡선으로 치장된 건물들 틈에서 활강하듯 사방으로 뻗어간 복잡한 직선의 교차는 충격적으로 신선하다. 거대한 3개의 잠망경이 오가는 사람들의 마음을 주시하는 것만 같다. '이 공장 같은 건물은 대체 뭐지? 움직이는 우주선인가? SF 영화 속 미래형 건축인가?' 정체를 알 수 없는 이 건물이 미술관이라는 사실이 재미있다. 파리와는 영 어울리지 않는 이 건축물은 화성이나 명왕성, 혹은 인류가 새로 발견한 행성에 지어질 2500년대의 건물처럼 생겼지만, 이미 40년 전에 이곳에 지어졌다. 외계 행성에 지어진 지구의 마지막 베이스캠프 같은 이 미술관에는 인류가 우주로 가져갈 최후의 작품들만이 엄선되어 있다. 관제 센터의 톰에게 전하고 싶다. 과연 엄청난 작품을 선정했다고.

과연 은하수나 블랙홀을 배경으로 걸어둘 만하다고.

우리는 이 엉뚱하고 기괴하게 생긴 건물을 바라보며 앉아 있길 좋아했다. 한참 앉아서 파리의 불청객 혹은 외계의 생명체처럼 생긴 퐁피두 센터를 바라보다가 작품을 감상해야겠다는 마음이 들면 천천히 미술관 내부를 둘러본다. 마음에 드는 작품을 몇 번이고 반복해서 본 후, K가 파리에서 제일 좋아하는 장소인 옥상 카페로 올라간다. 퐁피두 센터의 꼭대기에 위치한 카페에서는 파리의 진경이 한눈에 내려다보인다. 날이 좋으면 아주 멀리 에펠 탑이 보이기도 하지만, 날이 좋든 나쁘든 이곳에서 바라보는 파리는 언제나 치명적으로 아름답다.

K는 높은 곳에 올라 바라보는 탁 트인 풍경을 좋아한다. 피렌체에서도, 파리에서도, 어느 도시에서나 도시를 조망할 수 있는 최대한 높이 오르려 한다. 파리 시내를 내려다보는 그 애의 표정을 훔쳐보았다. 알베르 카뮈는 말했다. '행복은 우리가 시간을 들여 열중하는 모든 것이다'라고. 그의 말이 맞다면 파리의 풍경에 온 신경을 몰입하는 K의 표정이야말로 행복의 증거일 텐데. K는 매년 스스로가 1년 동안 고민해보고 싶은 주제를 정한다. 아마도 2015년 주제가 행복에 관한 것이었다. 끝내 찾지 못했다던 2015년의 답을, K는 지금 이 순간, 찾게 된 게 아닐까?

오데옹 거리에서 시작된 파리 산책의 종착지, 에펠 탑을 향해

다시 걷는다. 하늘을 뒤덮는 검은 구름과 잔뜩 찌푸린 회색빛 콘크리트 블록이 에펠 탑을 사이에 두고 조우한다. 무채색의 에펠 탑이 언뜻 스쳐가는 노을을 물끄러미 바라본다. 누구나의 로망이자, 누구나의 연인인 에펠 탑이 흑백 프레임 속에서 그 어느 때보다 밝게 빛나는 것 같다.

우리는 에펠 탑을 앞에 두고, 검게 저무는 파리의 하늘을 한 편의 영화처럼 감상했다. 날이 더 어두워지자, 푸르스름한 밤하늘 사이로 에펠 탑의 조명이 반짝이기 시작했다. 우리가 앉아있던 자리 바로 앞에는 와인을 마시며 에펠 탑을 바라보던 두 사람이 있었다. 에펠 탑을 배경으로 프레임에 담기던 그들의 뒷모습이 프랑스 영화의 주인공처럼 촘촘하고 아름다운 서사를 담고 있는 듯 보였다.

"아름다운 장면이야. 두 사람은 분명, 어제 오데옹에서 만났을 거야. 아무도 보지 않는 예술 영화를 보려고 갔는데, 영화관에 딱 둘 뿐이었던 거지. 영화가 끝나고 나서 둘은 파리와 영화에 대해 이야기하며 여기까지 1시간을 걸어왔을 거야. 이제 운명에 순응하고 사랑을 고백할 타이밍이지."

"순진하긴. 저것 봐, 와인을 두 병째 마시고 있잖아. 게다가 별로 웃지도 않는다고. 방금 실직한 두 명의 장그래이거나, 이별 여행을 온 이탈리아 사람일 거야."

낭만이 없는 K의 말을 인정할 수 없었다. 우리는 멋대로 두 사람의 이야기를 영화로 쓰며, 같은 듯 다른 두 사람의 뒷모습을 셀 수 없이 많이 그리고 오래도록 카메라에 담았다. 희극이든, 비극이든 모든 서사는 아름다운 법이니까. 에펠 탑을 떠나기 전 우리는 용기를 내어 우리가 찍은 사진을 그들에게 전해주기로 했다. 다정한 두 사람의 뒷모습에 아름다운 희비극의 서사를 잔뜩 담아서.

어깨를 톡톡– 두드리니 의아한 얼굴로 두 사람이 우리를 돌아보았다. 표정이 꽤 귀여웠다. 우리의 시나리오와 달리 두 사람은 캐나다에서 여행 온 커플이었다. 직접 찍은 두 사람의 뒷모습을 보여주며, 우리는 서로의 파리 여행에 대해, 이 순간의 풍경에 대해, 자신들이 주인공인 어느 영화에 대해 이야기를 나누었다.

돌아오는 길에 나는 궁금해졌다. 우리가 주인공인 '인생'이라는 영화에서 우리는 어떤 결말을 맞게 될까? '짐 없이 떠난 이 여행'은 영화의 도입부일까, 결말부일까?

K는 대부분의 경우 낭만이 없지만, 가끔 의도치 않게 로맨틱한 구석을 드러내기도 한다. 카시니 호*The Cassini*를 구성하는 분자가 영원히 토성에 남게 된다는 과학자의 말에 공감하고, 인간이 닿을 수 있기 때문에 해보다 달이 좋다는 말에 공감하던 언젠가처럼, K는 나의 질문에 이렇게 답했다. 이왕이면 이 여행이 우리 영화의 도입부라면 좋겠다고. 아직 우리에게 할 이야기가 더 많았으면 좋겠다고.

깨지고 부서지고 엉망으로 무너지는 결말이 온대도 이 여행만큼은 신나게 달려 나가는 오프닝 시퀀스였으면 좋겠다고. 그리고 그 시작이 여기, 파리여도 나쁘지 않겠다고.

고등학교 때 보았던 영화 〈쥴 앤 짐〉 속의 한 장면이다. 쥴과 짐, 그리고 토마라는 청년으로 변장한 카트린은 꿈속인지 빗속인지 모를 철교 위에서 달리기 경주를 한다. 어색하게 그린 콧수염에, 커다란 모자를 푹 눌러쓴 카트린이 먼저 뛰어 나간다. 세 사람은 새카만 철교 위를 숨차게 달리며 희게 웃는다. 그리고 어둠 속의 배꽃처럼 서 있는 카트린의 표정이 정지 화면으로 휙휙 지나가자, 짐이 이야기한다.

"그럼 무엇이 되어야 합니까? 하고 물으니 그가 대답하더군. '호기심 많은 사람. 직업은 아니지, 아직은 말일세. 여행하고 글을 쓰고 번역하게. 도처에서 사는 걸 배우게. 미래는 호기심을 직업으로 가진 자의 것이네'라고."

영화의 흔들리는 흑백 화면 속 세 사람은 오래도록 내 마음에 '파리'라는 이름의 사진으로 남았다. 프랑스 와인의 종류를 줄줄 외다가 갑자기 집 밖으로 뛰쳐나가는 카트린의 모습을 생각하며 어떤 날은 돌연 교문 밖으로 이탈했다. 그리고 마구 빗속을 달리며 아무나 들이받고 싶은 마음을 삼켰다. 그러다 빗속에서 결국에 나는 여행하고 글을 쓰게 될 것이라고 감히 느꼈다. 짐의 말을 주문처럼 외우던 그때의 나는, 착각이 일상이고 운명이 버릇이던 열일곱 살이었으니까.

서른한 살이 되어 음울한 날씨의 파리를 걷고 있는 지금 다시 생각해보니, 어쩌면 내가 이렇게 오래도록 '여행하고, 글을 쓰며 도처에서 사는 걸 배우는' 게 모두 한 편의 영화 덕분이었나 싶다. 정말 이 여행이 한 편의 영화에서 시작되었는지도 모르겠다 생각하며, 우리 여행을 영화로 만든다면 그 시작이 파리여도 괜찮겠다는 K의 말에 뒤늦게 고개를 끄덕였다.

오늘 밤은 오데옹 거리로 돌아가 밤새 영화를 봐야겠다. 〈쥴 앤 짐〉이라면 다시 일어설 수 있을 것 같고, 〈퐁네프의 연인〉이라면 금방 무너질 것 같다. 하지만 괜찮다. 이제는 무너지고 다시 서는 일이 영화이자 여행이라는 걸 알게 되었으니까.

*"자고 일어나서 네가 사랑하는 사람이 있다면 내일 아침 '하늘이 하얗다'고 해줘. 그게 만일 나라면 난 '구름은 검다'고 대답할 거야. 그러면 서로 사랑하는지 알 수 있을 거야."

* 영화 〈퐁네프의 연인들〉

촛불을 켜는 일

코펜하겐, 덴마크 。

"덴마크에 미술관 하나가 있어. 이름은 루이지애나 현대 미술관*Louisiana Museum of Modern Art*. 바다가 보이는 멋진 풍경 속의 미술관인데."

"미국에 있는 게 아니고?"

"미국 아니고 덴마크. 처음 그 동네에 집을 지은 사람이 세 여자를 사랑했는데, 그들 이름이 모두 '루이스'였대. 그저 사랑에 빠진 후에 보니 모두 같은 이름이었을까? 아니면 첫사랑을 잊지 못해 계속해서 '루이스'만을 사랑했던 걸까? 어쨌든, 중요한 건, 그래서 그 집의 이름을 '루이지애나'라고 붙였다는 거야. 으– 낭만적이야. 그거야말로 사랑의 이름이지. 이런 이야기가 얽힌 미술관에 가지 않을 수 있겠어?"

"그래서, 그 '루이스'들은 알고 있었대? 과거의 다른 '루이스들'에 대해서 말이야."

"글쎄? 아마 알았어도, 상관없지 않았을까? 내 첫사랑의 이름이 너의 이름과 같았을지도 모르잖아. 그래도 상관없잖아?"

"같은 이름의 사람을 끝없이 사랑하는 게 정말 낭만이라고 생각해? 벌 받는 거야, 그거."

우리는 자주 여행과 사랑 그리고 예술에 대해 이야기한다. 그리고 그것은 때로 기쁨이기도, 때로 절망이기도 하다. 사랑이란 게 그런 거니까. 지독한 사랑 이야기가 얽힌 루이지애나 현대 미술관을 알게 된 후, 그곳은 우리 두 사람에게 여행과 사랑과 예술의 대명사였다. 사랑이 주는 가끔의 기쁨과 때때로의 절망이 만나는 교차로이자, 건널목마다 예술이 쏟아지는 작은 신호등 같은 신비한 공간이었다. 물론 지나간 모든 사랑의 이름이 하나라는 게, 과연 낭만인지 형벌인지 답을 찾지는 못했다. 사랑이란 게 그런 거니까.

코펜하겐*Copenhagen*에 도착하자마자 훔레벡*Humleback*으로 가는 열차에 올랐다. 코펜하겐에서 40여 분이면 도착하는 작은 마을, 훔레벡에 우리가 그토록 기다렸던 루이지애나 현대 미술관이 있다. 초록빛 담쟁이덩굴이 무성한 이층 집, '루이지애나 현대 미술관'이라고 쓰인 간판이 없으면 그냥 지나칠 법한 평범한 외형의 그 집이 바로 미술관이다.

작은 문을 열고 미술관으로 들어섰다. 넓게 펼쳐지는 1층 공간에는 각종 도록과 미술용품을 판매 중이었다. 빛이 들어오는 커다란 창 너머로는 초록의 정원이 넓게 펼쳐졌다. 박하 맛이 느껴지는 푸른 풍경을 놓치지 않고 꼭꼭 씹어 삼켰다.

본격적인 전시가 시작되는 곳은 작은 방이다. 루이지애나 미술관의 작품들은 작은 서재처럼 생긴 공간에, 방을 잇는 좁은 복도에 전시되어 있다. 조그만 창문 옆에 걸린 그림과 창 너머로 보이는 굵은 나무기둥의 이끼가 하나의 작품처럼 보이는 이유이다. 미술과 건축, 자연의 조화를 가장 잘 보여준다는 누군가의 찬사가 전혀 아깝지 않았다.

미술관을 나와 탁 트인 외레순드 해협*Øresund*이 내려다보이는 카페에 앉았다. 짙은 파란색의 파도와 칼더의 빨간 모빌이 하나의 작품이 된 듯 사이좋게 출렁였다. 누군가의 예술 작품인 듯한 언덕에 앉아, 우리는 코펜하겐이야말로 이야기가 넘치는 도시라 생각했다. 사랑의 이름들이 명찰처럼 붙은 이 아름다운 미술관처럼, 온 도시가 흥미진진한 이야깃거리로 가득하니까.

코펜하겐 한가운데 위치한 놀이공원에 대한 이야기로 시작해 볼까? 시내 한복판에 위치한 티볼리*Tivoli* 공원은 세계 최초의 놀이공원이다. 1843년에 문을 연 티볼리 공원은 코펜하겐 시내 한복판에 있다. 서울로 따지면 종로 어딘가에서, 부산으로 치면 서면 어디쯤에서 삐걱대며 회전목마가 굴러가는 것이다. 코펜하겐 시민들은 낡은 놀이공원 부지에 거대한 빌딩을 짓는 대신, 공원의 연간 회원이 되는 쪽을 택했다. 토요일에는 가족들과 공연을 관람하고, 일요일에는 친구들과 회전목마를 탄다. 안데르센*Hans Christian Andersen*도 똑같이 걸었을 공원을 바라보며 도심 한가운데 있는 놀이공원만큼 멋진 이야기가 또 있을까 싶지만, 코펜하겐을 상징하는 이야기는 역시 안데르센의 《인어공주》이다. 도심 속 놀이공원을 지키고, 인어의 노래를 만드는 도시라니. 문득 이 도시의 정체가 궁금해졌다. 에어비앤비 호스트인 조나단에게 물었다.

나 "코펜하겐에는 정말 재미있는 이야기들이 많은 것 같아. 루이지애나 현대 미술관에 얽힌 러브스토리와 세계 최초 놀이공원, 그리고 인어공주까지! 난 어릴 때부터 인어 이야기를 제일 좋아했어."

조나단 "맞아. 아주 오래전부터 흥미로운 이야기들이 흘러 다녔던 도시이지. 《햄릿》의 무대가 되었던 성도 이곳에 있으니까. 뭐, 꼭 그렇게 오래된 이야기만 있는 건 아니야. 도시 곳곳에 숨겨진 최신 이야깃거리들도 많지. 오래된 크레인을 이용해 번지 점프대를 만든 이야기는 들어봤어? 아, 곧 오픈 예정인 스키장 이야기에 대해서는? 그것도 아주 재미있는데."

나 "코펜하겐 도심에 스키장을 만든다고?"

조나단이 들려준 스키장 이야기는 정말 재미있었다. 쓰레기를 태워 전기와 난방용 열을 만드는 열병합 발전소 지붕을 스키장으로 변신시킨 것이다. 정말 기발한 아이디어이다. 스키장뿐만이 아니다. 운하 한가운데에 오래된 크레인을 철거하는 대신 번지 점프대로 활용하고, 집보다 정원이 더 큰 아파트를 짓거나 세모난 모양의 베란다가 달린 독특한 건물을 세워 입주하는 주민들도 있다. 세상에, 나는 왜 한 번도 베란다가 다른 모양일 수 있다고 생각해보지 않았을까? 더는 사용할 수 없는 오래된 컨테이너를 재활용해 새로운 거주 공간을 짓는 사람들도 있다. 세상에! 이 넓은 세상에 내 집 하나가 없다고 헐크처럼 화만 냈는데, 왜 컨테이너 박스를 주우러 갈 생각은 못 했을까? 코펜하겐은 나 같은 멍청이들이 살기에는 너무나 복잡하고 어려운 도시가 아닐까?

코펜하겐의 이야기는 놀랍게도 여기서 끝나지 않는다. 코펜하겐 사람들은 이 도시에서 자동차를 멸종시키려 한다. 자동차가 필요 없는 도시를 만들기 위해 수 백개의 섬들을 잇는 자전거 하이웨이를 만들고 있으니까. 도심 속 하이웨이는 이미 사용 중이고, 앞으로 코펜하겐의 교외 지역까지 연결을 확대해, 3,000킬로미터에 달하는 거리가 연결될 예정이다. 빚내서 자동차를 사지 않아도, 대중교통이 들어오지 않는 변두리에 살아도, 자전거만 있으면 시내로 출퇴근할 수 있다는 뜻이다. 묘한 희열이 느껴졌다. 마을버스를 타고 나가, 지하철과 버스를 두 번씩 갈아타며 1시간 반을 출퇴근하던 날이 떠올랐다. 그래, 바퀴벌레나 자동차 같은 건 애초에 박멸 대상이다. 당장 코펜하겐의 세모 베란다로 이사하고 싶었다. 이 도시에선 안 되는 일이 없다. 무엇이든 안 되는 이유란 처음부터 없었던 것처럼 사람들은 매일 새로운 이야기를 만들어낸다. 맙소사! 아무래도 멍청이들이 엉뚱한 상상을 펼치며 살기에 더없이 좋은 도시 같다!

여행 전, 내가 할 수 있던 재미있는 상상은 무엇이었을까? 칼퇴근해서 좋아하는 텔레비전 프로그램을 볼 수 있었으면, 올 여름에는 눈치 안 보고 휴가를 낼 수 있었으면, 점심은 내가 원하는 시간에 먹을 수 있었으면, 앞으로 이사갈 곳은 출퇴근 시간이 줄어드는 동네였으면, 주말에 자주 갈 수 있는 공원이 근처에 하나 있었으면. 그런 상상들이 내게는 인어공주만큼이나 허황되고 환상적인 이야기였다. 우리도 우리만의 이야기를 만들어낼 수 있을까? 인어공주처럼 환상적이고, 도심 속 스키장처럼 즐겁고, 모든 사람이 놀이공원에서 일요일을 즐기는, 그런 동화 같은 삶의 이야기를.

에어비앤비로 머문 코펜하겐의 집은 방이 여러 개에, 거실도 큼직하다. 네 명의 덴마크 젊은이들이 함께 사는 만큼 여유 공간이 충분하다. 미술을 전공한 집주인 덕에 넓은 거실에는 감상하기 좋은 작품도 가득하다. 그런데 이 집에 사는 친구들은 그 커다란 거실을 놔두고 매일 좁아터진 부엌에 모여 앉는다. 거기서 책을 읽거나, 과제를 하고, 친구들과 커피를 마시며 수다를 떨기도 한다. 각자 식사를 마친 늦은 저녁, 어김없이 좁은 주방에 둘러앉아 이야기를 나눈다.

나 "그런데 왜 늘 주방에 있는 거야? 거실이 더 넓잖아."

조나단 "그러게? 왜 그렇지, 우리? 하하. 친구들이 더 많이 놀러 오면 거실에서 이야기를 나누고 밥도 먹고 해. 그런데 우리끼리 있을 땐 아늑한 여기가 더 좋아. 넓다고 꼭 좋은 건 아니잖아."

나 "그래, 넓은 게 좋은 건 아닌데. 그거 알아? 우린 여행을 떠나기 전에 넓은 게 그저 좋은 건 줄 알고 살았어. 넓은 거실을 위해서 저녁도 없이, 주말도 없이 야근하며 살았지. 그런데 어느 날 생각해보니까 너무 바빠서 정작 그 넓은 거실에 앉아 있을 시간이 없는 거야! 대부분의 사람들이 그렇게 살고 있다면 믿어져? 제시간에 퇴근하는 게 인어공주처럼 환상적인 상상이라니. 그리곤 끊임없이 행복하지 못해 괴로워해, 모두."

조나단 "뭐, 덴마크 사람이라고 모두 행복할까? 그건 잘 모르겠어. 사실 오늘같이 추운 날 자전거 탈 생각을 하면 어찌나 우울한지. 북유럽 겨울의 필수품이 항우울제라는 말이 절대 농담이 아니야. 하지만 행복을 찾아 떠나야만 할까? 떠나서 얻을 수 있는 거라면 나도 당장 짐을 싸고 싶어. 그렇지만 어딘가 내가 모르는 곳에 행복이나 유토피아가 있다고 생각하지 않아. 우리는 그저 하루를 어떻게 행복하게 보낼지 자주 생각할 뿐이야. 지금 이 순간, 오늘, 주변 사람들을 편안하게 만들려 노력할 뿐이지. 저녁에 불을 끄고, 텔레비전도 끄고, 촛불을 켜봐. 난 초를 켜고 친구들과 이렇게 하루의 이야기를 나누는 시간이 참 좋거든. 그러다 보면 어느 순간 행복하다고 느낄지도, 인어공주보다 말도 안 되는 일들이 일어날지도 모르지 뭐. 안 그래?"

나 "우리도 마찬가지야. 말도 안 되는 일이 벌어지는 일상을 위해, 우리가 원하는 행복한 삶이 무엇인지 알아보기 위해, 이 작은 가방만 들고 여행하는 게 아닐까?"

타닥타닥- 초 타는 소리에 맞춰 이야기도 깊어졌다. 담담히 스스로가 추구하는 일상의 가치와 자기만의 행복에 대해 털어놓는 친구들에게서 묵직한 진심이 느껴졌다. 덤덤한 울림 같은 그들의 목소리가 우리 마음에 차곡차곡 쌓였다. 그러고 보면 우리의 여행도 초를 켜는 일과 비슷하다. 삶을 다르게 만들기 위한 최초의 노력이었으니까. 매일 밤 불을 끄고 촛불을 켜는 것, 자동차 대신 자전거를 타고 텔레비전을 보는 대신 일기를 쓰는 것, 이 작은 습관들이 결국은 스스로 인생을 바꿔보려는 최초의 시도일 테니까.

오늘을 다르게 살기 위한 실험이었던 여행, 몇 개의 물건과 가벼운 가방만으로 여행한 지 100일을 넘어간다. 처음 길을 떠났을 때보다 가방은 더 가벼워졌다. 생각보다 추운 유럽의 겨울 날씨에 있는 옷들은 죄다 껴입었고, 수명을 다한 노트를 일찌감치 버렸기 때문이다. 늘어난 물건은 텔아비브의 구글 캠퍼스에서 받은 기념품과 두통약 여덟 알뿐이다. 별 것 없지만, 별 게 더 필요하지도 않다. 배낭이 없으니 짐을 쌌다 푸는 수고로운 시간도 줄었다. 갈까 말까 망설일 땐 무조건 가게 되고, 할까 말까 주저할 땐 그저 시도하고 되고, 살까 말까 고민될 땐 미련 없이 포기하게 되었다. 괜한 데 고집 피우지 않고 쓸데없는 데 시간을 낭비하지 않게 되었다. 이것으로도 충분하다.

우리는 작은 여행 가방을 꾸리며 알아가는 중이다. 내게 정말 중요한 것과 필요 없는 것을 구분하던 기준이, 인생이라는 긴 여행에도 꼭 필요한 일이었음을. 우리는 앞으로도 덜 가지고, 더 중요한 것에 힘쓰며 여행해보기로 했다. 가방 하나로, 오직 몇 가지의 물건으로 살아가는 이 여행이 끝난 후, 우리의 일상이 과거와는 달라지길 바라면서 말이다. 그리고 짐 없이 여행하며 미동도 없던 우리 여행이, 진동 하나 없이 고요하던 우리 일상이 달라지길 바라면서 말이다. '나는 이전과 전혀 다른 사람이 될지도 모른다. 우리 삶이 예전과는 전혀 다른 모양으로 변할지 모른다'는 그 기대감이야말로 우리가 오래도록 바라 온 것이 아니었을까?

코펜하겐의 한 박물관에는 '만지지 마시오'라는 표지판 대신 '앉아보세요'라는 안내판이 붙어있다. 우리는 신기하게 생긴 의자들에 한 번씩 앉아보며 어떤 차이든 찾아보려 애썼다. 의자에 대해 워낙 무지해서 결국 차이를 발견하는 데는 실패했지만 기분은 꽤 좋았다. 우리에게 내내 '불가능합니다' 대신 '괜찮으니, 무엇이든 해보시게'라고 끊임없이 말을 거는 것 같아서.

좁은 부엌의 냄새, 세모난 베란다, 초로 만든 난로, 사랑의 이름 같은 이야기들이 모여 각자의 삶을 만들어가는 도시, 코펜하겐. 우리가 살고자 하는 삶은 어떤 이야기일까? 인어의 이야기와 저녁 있는 일상을 가슴에 품으며 우리가 어떤 환상이라도 부디 저지를 수 있게 되길 바란다. 안데르센이 '여행은 정신을 다시 젊어지게 하는 샘'이라고 했던가? 문장을 더하자. 코펜하겐은 정신을 젊어지게 하는 샘이라고, 코펜하겐은 다른 삶을 이야기하는 샘이라고.

"벌써 100일이네. 그동안 배낭 없이 여행하면서 가장 유용했던 물건은 뭐였어?"

"음, 반짇고리? 우리가 100일 내내 한 벌의 옷만 입다 보니, 옷이며 양말이며 금방 고장이 나잖아. 그럴 때 간단하게 고쳐 입을 필요가 있더라고. 떨어진 단추나 구멍 난 양말 같은 걸 수선해서 입을 수 있으니, 의외로 잇템*Item*이었어."

"반짇고리를 잇템으로 소개해야 하다니. 훗– 나의 잇템을 소개하지. 내가 온 베를린 시내를 뒤져서 산 이어폰 스플리터이다! 여행을 하면서 내게 음악이 꽤 즐거운 취미라는 걸 알았어. 좋은 음악을 찾아 듣고, 그걸 너에게 들려주고. 에펠 탑 앞에서, 포지타노의 해변에 앉아서, 근사한 음악을 같이 듣는 건 정말 큰 기쁨이었어. 그때마다 요 작은 물건 덕을 톡톡히 봤지. 그리고 왠지 이걸 볼 때마다 크고 무겁던 블루투스 스피커가 생각나. 배낭에 넣고 다니면서도 몇 달간 사용하지 않아 켜는 법조차 잊었던 그 무거운 놈 말이지. 그럴 때면 가볍게 여행하는 지금이 꿈이 아니라 현실이라는 실감이 나거든. 그러니까 이 이어폰 스플리터는 꿈과 현실을 구분하기 위해 영화 〈인셉션〉의 코브가 들고 다니던 팽이 같은 거야!"

"그렇게 소중한 건데 잃어버린 거 실화냐고. 쯧쯧."

"잘가… 스플리터야… 흑흑."

Part 4

더 즐겁고, 더 자유롭고, 더 가치 있는

지금 여기서 춤을 추자

길리 트라왕안, 인도네시아 ○

배낭 없이 유럽을 여행한 지 100일 만에 네덜란드 암스테르담으로 돌아왔다. 오랜만에 만난 암스테르담은 여전히 흥미롭고, 무한히 자유로웠다. 운하를 건너는 자전거 사이를 걸으며 '돌아왔다'는 푸근한 기분이 들기도 했다. 암스테르담의 지인을 만나 맡겨두었던 배낭을 돌려받았다. 거대한 크기와 묵직한 무게에 다시 한번 놀랐다. 이 무거운 걸 등에 지고 그동안 어떻게 여행했는지. 우리는 배낭을 한국으로 보내고 가볍게 떠나는 이 여행을 계속해보기로 했다. 여행 가방이 작고 가벼울수록 여행은 묵직하고 담대해진다고 믿으며, 여행의 즐거움은 여행 가방의 무게와 반비례하는 법이라 믿으며.

K와 나는 유럽을 떠나 새로운 대륙으로의 이동을 결정했다. 아시아의 첫 번째 나라이자, 배낭 없이 떠난 여행의 일곱 번째 나라는 인도네시아이다. 인도네시아를 이루는 수천 개의 섬들 중 우리의

최종 목적지는 신들의 섬, 발리*Bali*이다. 새로운 대륙으로 떠나는 새로운 아침, 우리는 잔뜩 늦잠을 자고 일어났다. 아무리 먼 거리를 가야 한다고 해도, 오늘 밤 전혀 새로운 행성에 착륙해야 한다고 해도, 떠날 준비는 딱 1분이니까.

일어나면 샤워부터 한다. 배낭을 없애고, 기내 반입에 제한이 있는 액체류의 보디 워시와 샴푸 대신 고체형 비누를 사용한다. 얼굴과 몸을 한 번에 씻어낼 수 있어 목욕 시간도, 짐의 무게도 절반으로 줄었다. 배낭을 없애고 시간과 공간이 동시에 확장되는 신비한 체험을 하는 셈이다. 우리가 사용 중인 비누는 동물 실험을 하지 않고, 공정한 방식으로 원재료를 수입한다. 게다가 불필요한 포장재 없이 비누만 구매할 수 있다. 크지 않은 가방을 사용하다 보니 불필요한 포장이나 과대 포장된 패키지 상품은 애초에 제외한다. 화려하고 큼직한 용기에, 과하게 포장된 제품은 우리에게 무겁기만 한 쓰레기로 보인다.

빠르게 샤워를 마치고 한 벌뿐인 옷을 챙겨 입는다. 100일 전 배낭을 없애면서 많은 옷가지들 중 어떤 옷을 고를지 꽤 고민했다. 딱 한 벌의 옷만 골라야 했으니까. 디자인이 괜찮은지, 요즘 유행에 걸맞는지 고민하지 않았다. 잦은 세탁에도 잘 견뎌줄 내구성과 오래 입어도 편안한 모양, 그리고 옷이 만들어진 과정이 중요했다. 우리는 옷이 얼마나 튼튼한지, 수선해가며 오래도록 입을 수 있는지, 얼마만큼의 물을 사용해 만들어졌는지 살폈다. 오늘로 백 번째 이 티셔츠를 입는다. 몇 개월 내내 입다 보니 티셔츠 자락이 조금 망가졌고 색이 약간 바랬지만 나는 이 티셔츠가 마음에 든다. 일반 면 티셔츠에 비해 생산 과정에서 100리터의 물을 절약한 데다, 공정 무역 봉제 제품이기 때문이다. 무엇보다 100일 내내 나의 든든한 바람막이였으니까.

옷을 다 입고 나면 바닥을 쓸거나 먼지를 터는데 더 적합해 보이는 머리칼을 대충 묶는다. 린스를 사용한 지 한참 되어 엉망으로 엉켜버린 머리칼을 만지며 아무래도 이건 나무 막대기에 달려야 더 어울리겠단 생각이 든다. 그리고 거울을 보는 대신 K에게 오늘 내 모습이 어떤지 묻는다.

"오늘 나 어때?"

"오, 어제랑 굉장히 똑같은데? 그러고 보니 그제와도 똑같은 걸?"

어제와 똑같다는 그 애의 말이 나를 비추는 거울이 된다. 가볍게 여행한 후로 매일 아침 거울 앞에서 머리를 만지며 긴 시간을 보내지 않는다. 옷장 앞에서 오늘은 무얼 입어야 하나 고민하지도 않는다. 다른 사람들 눈에 나의 빳빳한 머릿결과 세 달째 입어 목이 늘어난 티셔츠가 어떻게 보일지 걱정하지도 않는다. 내가 선택한 삶이자 우리가 추구하는 가치가 빳빳한 머리칼과 늘어난 티셔츠 위에 문신처럼 새겨져 있기 때문이다. 내가 나이기 때문에, 우리가 우리이기 때문에, 후줄근하고 촌스러운 이 모습이 부끄럽지 않다.

K의 말에 고개를 끄덕이며 방 안에 놓인 몇 가지 물건을 가방에 넣는다. 짐을 챙겨 여행을 떠나는 마지막 1분, 기분이 묘하다. 유럽을 떠나 아시아 대륙으로 이동하기 때문일까? 우리는 손을 꽉 잡고, 어제처럼 내일도 아무 일 없을 거라 서로를 다독였다. 무리 없이 평온하게 지내온 100일의 여행이었으니까.

여러 번의 경유를 거쳐 도착한 발리는 더위로 우리를 반겼다. 훅- 끼쳐오는 더운 바람에 눈물이 날 뻔했다. 정말이지 유럽의 겨울 추위에 진절머리가 나던 참이었다. 덴파사르*Denpasar* 공항은 사람들로 붐볐다. 자주 보이는 한국 관광객들이 반갑고, 의아할 정도로 많은 호주 관광객들은 낯설었다. 둥그런 발음의 문장, 여행자들과 뒤엉켜 흥정 중인 택시 기사, 새벽임에도 축축하게 덥혀진 공기 냄새. 우리가 도착한 곳은 전혀 새로운 대륙이었다. 땀으로 질척해진 운동화를 고쳐 신었다. 두툼한 바지와 긴팔 셔츠는 접어 올리고, 연신 땀을 흘리며 가까운 숙소를 향해 걸었다. 덥다. 정말 오랜만의 무더위였다.

도착한 숙소에서 깊은 잠을 자진 못했다. 끈적한 더위와 뒤엉킨 시차, 밤새도록 수다를 멈추지 않는 오래된 선풍기 소음에 일찌감치 눈을 떴다. 우리는 물먹은 솜 인형처럼 피로에 축 늘어져, 미리 예약해둔 보트 회사의 픽업 차량을 기다렸다.

작은 승합차를 타고 우리는 발리 중심지를 통과해, 한 선착장으로 이동했다. 그곳에서 우리의 최종 목적지인 섬, 길리 트랑완안*Gilli Trawangan*까지 보트로 이동할 예정이었다. 분명 우리가 구매한 것은 스피드 보트 티켓인데 길리 트라왕안까지 여러 섬을 거쳐 간단다. 발리 섬과 인접한 여러 섬들을 거쳐 무려 3시간이 소요된단다. 대체 스피드의 의미를 제대로 알고 있는 건지 모르겠다. 주룩주룩 흐르는 땀을 닦으며 티켓을 예매한 K를 노려보았다.

"3시간이라니, 말도 안 돼. 멀미약 없는데 어떡하냐고."

"그것보다 우리만 운동화 신고 있는 거 알아?"

"스피드하다며. 너 완행열차 티켓을 산 것이냐? 나 3시간 동안 멀미하라고?!"

"일단 운동화는 벗자. 배에 타려면 바다에 발은 담가야 해. 저것 봐."

K가 가리킨 곳에는 생각보다 훨씬 작은 크기의 배가 있었다.

해변과 다소 떨어진 지점에서 승객들을 태우기 위해 대기 중인 듯 보였다. 높은 파도가 해안으로 들이치자 배는 파도만큼 커다란 몸짓으로 출렁였다. 바닷물이 빠져나간 틈을 타서 재빨리 배에 오르지 못하면 곧바로 파도에 삼켜질 상황이었다. 운동화를 신고도 가뿐히 배에 오르려던 계획은 유람선에나 해당되는 경우였다. 대부분 아주 가벼운 차림의, 더러는 수영복 차림의 여행자들이 배에 오를 준비를 마쳤다. 가벼운 슬리퍼를 신은 사람들 틈에서 우리는 물끄러미 서로의 신발을 가리키며 키득거렸다. 나는 두툼한 운동화를, K는 낡은 워커를 신고 있었기 때문이다. 우리의 작은 가방에 슬리퍼 같은 여분의 신발이 있을 리가! 우리는 끝내 이 작은 가방 하나만 들고 땀 차는 운동화를 신은 채 이국의 섬 끝까지 오고야 만 것이다. 운동화를 손에 든 우리의 모습이 옛 애인의 결혼식에 참석한 불청객 같기도, 준비 없이 다른 계절에 떨어진 시간 여행자 같기도 했다. 하지만 우리는 이제 이 난처하고 황당한 농담 같은 상황을 그저 웃어넘길 수 있게 되었다. 아무리 뒤져봐도 우리에게는 슬리퍼가 없으니까. 그렇다고 겨울 운동화 신고 여름 바다를 즐기지 말란 법은 없으니까.

한 손에 운동화를 들고 맨발로 바다 앞에 섰다. K는 긴바지를 여러 번 접어 무릎까지 걷었다. 자신만만한 표정으로 바다를 향해 저벅저벅 걸어갔지만, 배에 오르기도 전에 접어 올린 바지도, 손에 들고 있던 운동화도 흠뻑 젖어버렸다. 그야말로 홀딱 젖은 우리를 보고 배에 오르려 기다리던 여행자들이 환호를 보냈다. K와 나는 열렬한 관중의 환호에 여유 있게 손까지 흔들어 보였다. 그리곤 바닷물에 흠뻑 젖은 차림으로 자리에 앉았다. 이 상태로 3시간을 더 가야 했지만 기분이 나쁘지 않았다. 오히려 즐거웠다. 우리만 옷이 젖어도, 우리만 남들과 달라도 괜찮았다. 뜨거운 태양과 새파란 발리의 바다, 손에 든 운동화와 이마를 타고 내리는 끈적한 땀방울. 그저 지금 이 순간 만난 풍경을 마음껏 즐길 수 있으니 그것으로 충분한 게 아닐까?

뱃멀미로 고생하다 겨우 도착한 길리 트라왕안은 작고 귀여운 들꽃을 닮았다. 자동차가 없는 작은 섬의 유일한 교통수단인 마차가 덜컹덜컹 흙길을 내달렸고, 자전거를 탄 여행자들이 섬 구석구석을 누비고 있었다. 할 수 있는 일이라곤 하릴없이 자전거를 타거나 차가운 바다에 덤벙덤벙 뛰어드는 것, 뜨겁게 내리쬐는 햇볕을 피해 나무 그늘 아래에 벌렁 눕는 것이 전부인 작은 지도였다. 그러니 하루에도 몇 번씩 먼 바다로 스노클링을 나서는 여행자들이 많을 수밖에.

길리에서의 스노클링은 짧은 이동 시간과 투명한 바다, 저렴한 가격이라는 삼박자를 고루 갖춰 여행자들에게 인기가 높다. 수십 명이 함께 출발하는 스노클링 배가 하루에도 몇 대씩 섬 인근을 오가며 여행자들의 바다 탐험을 돕는다. K와 나도 큰 마음먹고 스노클링에 도전해보기로 했다. 딱히 할 일이라고 없는 섬에서의 유일한 일과이기도 했고, 모든 여행자들이 바다에 뛰어들어 시간을 보내니 왠지 하지 않으면 안 될 의무 사항처럼 느껴지기도 했다. 그러고 보니 생애 첫 스노클링이었다. 수영도 할 줄 모르니, 여태 뭐하고 살았나 싶다.

돌이켜보면 내게 바다는 언제나 친해지고 싶은 멋진 친구였다. 서울에서 온 세련된 이름의 전학생이나 붉게 그을린 피부로 '알로하*Aloha*'라며 손인사를 건네는 서퍼처럼, 먼저 말을 걸어 친해지고 싶은 존재가 내게는 바다였다. 엄청난 짝사랑이었다. 그동안은 거절당할까 두려워 차마 고백할 용기가 없었는데 왠지 이 섬에서만큼은 먼저 말을 걸어도 괜찮을 것 같았다. 발리는 신들의 섬이니 바다와 나의 사랑을 응원해주는 신 하나쯤은 있지 않을까? 머뭇거리다 이름도 묻지 못하고 보낸 전학생과 뻔하지 않은 질문을 고민하다 놓쳐버린 어느 서퍼와의 어긋남을 상기하며, 나는 단단히 물안경을 고쳐 썼다. 그리고 똑똑– 바다의 창문에 조심스레 노크했다.

"그래. 내 짝사랑에 더 이상 흑역사는 없다. 고백의 순간이다!"

"너 대학 때, 엄청난 외사랑에, 입에 담기도 힘든 흑역사, 엄청 많지 않아?"

"오늘 나 거절당하면 다 네 탓이야. 그리고 대학 때 이야기는 내가 하지 말랬지."

우리가 오른 배의 이름은 럭키*Lucky*. 부디 우리에게도 행운을 가져다주길 바랐는데 역시 여행은 뜻대로 되는 법이 없다. 첫 번째 스노클링 포인트까지는 30분이 걸린다고 했다. 비교적 짧은 구간이었는데 배가 출발한 지 얼마 되지 않아 뱃속에서 뱀처럼 구불거리는 멀미 기운이 감지됐다. 며칠 전 우리를 괴롭혔던 멀미의 망령이 되살아나고 있었다. 하지만 우리의 증상과는 상관없이 럭키호는 더 먼 바다를 향해 나아갔다.

도착한 첫 번째 스노클링 포인트에서 K와 나는 어느 여행자처럼 멋지게 포물선을 그리며 풍덩- 바다로 뛰어들지 못했다. 사다리에 의지한 채 살금살금 내려가 겨우 바다에 발을 담갔다. '앗- 차가워' 바다에 들어가는 건지, 냉탕에 들어가는 건지 모르게 몸을 담근 바다는 과연 냉탕처럼 차가웠다. 스노클링을 즐기다 보면 멀미가 해소될 거라 생각했는데 나의 멀미는 놀랍게도 바다에 들어가 물장구를 칠수록, 젤리처럼 물컹거리는 파도가 내 몸을 삼킬수록 심각해져만 갔다. 배로 돌아온 우리는 뒤집어지는 속을 진정시키느라 바빴다. 두 번째 스노클링 포인트도 포기해야만 했다.

"이대로 바다에 구토를 하면 여기 모인 20개국, 백 명의 여행자들에게 아주 신선한 추억이 되겠지? 읍-"

"야. '토' 요일에 '토'도 이야기하지 마. 울렁거리니까. 저 멀리, 수평선을 봐. 그게 도움이 된대. 저, 멀리를. 읍-"

여행자들이 물방개처럼 바다 위를 누빌 때 우리는 죽은 모기처럼 배에 드러누웠다. 바다 위를 여유롭게 흘러 다니는 여행자들을 바라보며 우리는 '덤 앤 더머'처럼 시답지 않은 농담과 만담을 시전하며 멀미를 견디기 위해 사력을 다했다. 백 명의 여행자 앞에서 뱃멀미로 구토하는 흑역사를 남기고 싶지 않았으니까. 모두들 사랑에 빠진 표정으로 바다와 밀담을 주고받을 때 우리만 실연당한 표정으로 바다의 뒤통수를 노려보았던 거다. 결국 거절당했다, 나의 오랜 짝사랑.

세계 여행이라고 불리는 장기 여행에서 여행자들에게 바다는 반드시 진입해야 하는 길로 여겨진다. 그 길을 거치지 않고는 목적지에 닿을 수 없다고 말하는 내비게이션처럼, 이수하지 않고는 졸업할 수 없는 필수 수강 과목처럼 느껴지기도 한다. 길 위에서 만나는 수많은 여행자들도 우리에게 반드시 바닷속 세상을 여행해보라 권했다. 사실 이 지구의 진짜 표정은 모두 바닷속에 있다면서.

우리도 여행을 시작하기 전에는 발리든, 세부*Cebu*든, 다합*Dahab*이든 어느 작은 바닷가 마을에서 몇 달씩 썩으며 마음껏 바다와 사랑하게 될 줄 알았다. 하지만 우리는 매번 멀미로 고통받다 배에서 뱉어졌고 빈 병처럼 힘없이 물 위를 떠다니다 서둘러 집으로 돌아와야 했다. 왠지 바다라는 시험에서 F를 받은 것 같고, 그리 자신 있다던 여행마저 제대로 해내지 못한 것 같아 '이번 생은 망한 건가.' 싶기도 하다. 하지만 어쩔 도리가 없다. 배를 탈 때마다 멀미약을 챙겨 먹어야 하는 멀미 DNA와 오랜 시간 햇볕을 받으면 끓는 주전자처럼 맥을 못 추는 축축한 습성, 그리고 아무리 마음먹어도 떨쳐지지 않는 심연의 공포까지. 우린 여러모로 깊은 바닷속과 어울리지 않는 사람이다. 겁먹지 않은 척 멋지게 다이빙하고 싶지만 냉탕에 들어가는 사람처럼 주춤거리고 마는 걸. 하지만 이제는 안다. 지독한 뱃멀미와 어설픈 물장구도 버릴 수 없는 나의 일부라는 걸. 못나고 후진 조각도 결국 나를 구성하는 하나의 퍼즐이라는 걸.

무엇이든 해보지 않으면 그것이 내가 진짜로 원하는 것인지, 그저 남들에게 보여주고 싶은 것인지 평생 알 수 없다. 그래서 가끔 여행이 거대한 리트머스 시험지 같다. 여행하지 않았더라면 알 수 없던 나의 맨 얼굴을 보여주니까. 우리도 바다라는 시험에서 떨어진 게 아니라 바다라는 시험지를 통해 또 다른 우리의 모습을 확인한 거라 생각하기로 했다. 그리고 앞으로 남은 일정에서 스노클링과 스킨 스쿠버, 서핑 등 계획했던 각종 수상 레저들을 과감히 제외했다. 선택은 어렵지 않았다. 몇 달 전 불필요한 짐을 버릴 때 했던 다짐과 다를 바 없는 선택이었다. 가질 수 없는 것을 탐하느라 소중한 지금을 낭비하지 말자. 온 인생을 남들이 가진 것을 갖기 위해 허비하지 말자. 그저 있는 그대로의 내 모습으로, 지금 이 순간만을 있는 힘껏 끌어안자.

짐이 없어진 후로 우리는 전보다 더 현재에 집중했다. 가지지 않기로 선택한 것에 대해 타인과 경쟁하지 않고, 소유한 물건의 목록과 촌스러운 운동화로 우리가 어떤 사람인지 정의하려 하지 않고, 미래의 불행보다 오늘의 여행에 집중하며 매 순간을 음미한다. 결국 여행도, 인생도 찰나 같은 순간들이 차곡차곡 쌓여 완성되는 게 아닐까?

오늘부터는 나만의 방식으로, 멋져 보이는 누군가의 고백이 아니라 어설프지만 유일한 나만의 고백으로 다시 바다를 만날 것이다. 우리가 우리만의 방식으로 여행하듯, 우리만의 방법으로 다시 바다에게 고백하고 싶다.

해 질 녘 바다로 나간다. 스노클링과 서핑 보드를 든 멋진 친구들이 먼 바다로 헤엄쳐 간다. 그들이 잘 보이는 나무 그늘 아래 앉아, 음악을 들으며 바다에 대해 쓴다. 저무는 햇살이 따뜻하게 머리를 쓰다듬는 지금 이 순간, 물에 젖은 운동화를 툭툭 털어 햇빛에 말리며 다 식은 맥주를 벌컥벌컥 마시는 이 순간의 바다에 집중하며. 오늘, 지금 이 순간에 집중하는 것. 이것이 여행을 향한, 인생을 향한, 그래서 바다를 향한 새로운 사랑의 고백이다.

"정말 아름다운 노을이다."

"〈내셔널 지오그래픽〉 다큐멘터리에 의하면 사랑은 화학적으로 볼 때 행복보다 강박 장애나 마약 중독과 더 가깝대. 그러니까 사랑해서 행복하다는 건 엄청난 착각이야. 그래서 앞으로 나의 사랑 고백은 이렇게 바뀐다. 바닷속으로 들어갈 수 없어도, 널 더는 사랑할 수 없게 되더라도, 우리가 이렇게 함께라면 난 늘 행복할 거야. 너를 향한 마음이 고작 횡단보도를 건널 때 흰 선을 밟지 않았을 때의 안심과 잔뜩 술이 취했을 때의 화학 반응만큼은 아니거든. 그보다는 더 완벽한 행복에 가까우니까."

"그래. 바다를 바라보며 너와 함께여서, 나도 행복해. 지금 이 순간만큼은."

"하긴. 그거 말고 뭐가 더 중요하겠어."

섬의 하루 (feat. 이어폰을 준비하세요.)

길리 트라왕안, 인도네시아。

AM 6:00 & The Weight of Spring, The White Birch

섬에서의 일상은 단출하다. 매일 동이 트기 전에 일어나 자전거를 타고 바다로 나간다. 푸릇한 새벽 공기가 융단처럼 잔잔하게 새벽 땅 위에 깔렸다. 문 닫힌 상점들 사이를 지나며 이른 아침을 여는 몇 명의 사람들과 눈으로 조용한 악수를 나눈다.

작은 섬을 조금 돌아 동이 트기 시작하는 해변 앞에 자전거를 세운다. 노란 천을 모래 위에 깔고 명상을 하는 사람, 가벼운 요가 동작으로 새벽을 여는 무리, 서로의 어깨에 기대어 아침을 기다리는 연인. 각자의 운율로 변하지 않는 아침을 노래한다.

야자수 아래 자리를 잡고 앉으면 얕은 햇살이 파도에 실려 오기 시작한다. 그림자로 부서지며, 오묘한 소리를 내며, 햇볕이 슬며시 우리 몸에 닿는다. 그리고 무엇으로도 변화시킬 수 없는, 무엇과도 바꿀 수 없는 오늘의 아침이 떠오른다. 슬픈 어른도, 절룩거리는 아이도, 그 사이를 헤매는 이름 없는 여행자도 이 작은 섬 안에서는 같은 마음으로 아침을 맞는다. 그 아침이 매일 새롭다.

AM 9:00 & Slow Show, The National

일출을 보고 숙소로 돌아온다. 어젯밤의 덜 마른빨래를 해가 잘 드는 마당에 다시 널고, 간단히 아침밥을 먹는다. 어제는 인도네시아식 볶음밥, 나시고렝*Nasi Goreng*을 먹었고 오늘은 연한 커피 한 잔에 바나나를 듬뿍 올린 팬케이크를 먹는다.

우리가 머무는 숙소는 섬의 높은 물가를 감안하더라도 가성비가 영 별로인 곳이다. 심각한 건망증에 걸린 에어컨은 자신의 본분을 잊은 지 오래고, 합판에 흰 페인트만 칠해 급하게 올린 내벽은 옆방 여행자의 점심 메뉴까지 전달해준다. 그런데도 우리가 이 숙소에서 지내는 이유는 친절한 직원들 때문이다.

우리가 아침을 먹는 동안 친구들은 어제 가르쳐 준 인도네시아 단어를 퀴즈로 낸다. 오늘은 어제 배웠던 숫자 문제를 풀어야 한다. 더듬거리며 1부터 10까지 인도네시아어로 숫자를 외고 있으면 여행이 얼마나 귀찮은 일이었는지 새삼 깨닫게 된다. 숫자 1을 다시 외우고, 사과나 작별 인사 같은 시시한 단어들을 다시 읽어야 하니까. 어설픈 발음으로 단어를 중얼거리면 바보가 된 기분이 들기도 하지만, 우리가 엉성하게 숫자를 세어나갈 때마다 무슨 외발자전거로 묘기라도 보는 듯 환호하는 친구들 때문에 매일 잠들기 전 열심히 단어를 복습하게 된다. 친구들의 마음을 생각하면 쉽게 넘길 수가 없다. 사소한 질문거리라도 만들어 우리에게 말을 걸기 위해 하루를 다 쏟는 친구들, 무엇이든 작은 것 하나라도 질문하기 위해 온종일 고민하는 그 친구들의 마음 때문에.

아침밥을 다 먹고 나면 쉬는 시간인 친구들을 불러내 동네 마실을 나간다. 잘 정비된 섬 입구는 흙길이 단단히 다져져 있어 자전거를 타기에 무리가 없지만, 섬 안쪽으로 들어올수록 비포장도로는 전혀 관리되지 않았다. 여기저기 널린 쓰레기와 포탄이라도 떨어진 듯한 구덩이가 그대로 방치되어 있고, 처참한 형태로 무너진 건물의 잔해가 즐비하다. 섬 중심부에 위치한 거대한 쓰레기장에는 미처 처리되지 못한 오물과 폐품들이 잔뜩 쌓여있다. 쓰레기 더미 주변을 어슬렁 거리는 소들이 들추는 비닐봉지 안에서 형체를 알아볼 수 없는 쓰레기가 쏟아진다.

수많은 관광객이 만드는 어마어마한 양의 쓰레기가 곧 섬을 통째로 집어삼킬 듯했다. 오염된 바다 환경을 위해 폐쇄를 고려한다는 어느 섬이 떠올랐다.

그래, 이 섬을 위해서라면 기꺼이 나의 여행을 포기하겠다.

누구나 실수를 하고, 모든 사랑하는 것들은 서랍에서 잃어버린다. 그러니 지금은 사랑하기에 놓아주어야 하는 순간이다. 어떤 때에는 정말 아끼는 것을 포기함으로써 겨우 그것을 얻을 수 있으니까.

PM 12:00 & Lover Boy, Phum Viphurit

점심시간이 가까워져 오면 우리는 다시 자전거를 타고 나간다. 더위가 한껏 기승을 부리는 한낮에는 카페에 앉아 시원하게 맥주를 마신 후, 낮잠을 자거나 바다에 발을 담그며 노닥거리는 게 제일이다. 오늘은 노란 프리지어 꽃이 인상적인 한 카페에 들어갔다. 테이블마다 놓인 노란 꽃과 낡은 나무로 만든 의자가 원래 바다에서 태어난 듯 태연했다. 노란 파인애플은 나무에 매달려 바다에 닿을 듯 말 듯 자기만의 놀이에 흠뻑 취했다. 그네를 타는 듯 흔들거리는 파인애플 아래 앉으니, 세상이 온통 달달했다.

모래 바닥에 깔린 카펫에 앉아 차가운 망고주스를 기다렸다. 핫도그에 돌돌 묻은 설탕처럼 온몸에 모래가 잔뜩 달라붙어도 이런 자리라면 마다할 수가 없다. 노란 파인애플 과즙처럼, 꽃병에 꽂힌 저 샛노란 프리지어처럼, 겉과 속이 똑같이 노란 망고처럼, 무채색이었던 내 인생의 첫 번째 노란색은 아마 길리 서쪽 해변의 이 작은 카페에서 시작되지 않을까? 하지만 설레는 마음이 무색하게 한참을 기다린 망고주스는 끝내 마실 수 없었다. 그나마 바꿔 주문한 파인애플주스도, 에라 모르겠다 싶어 선택한 맥주도 없었다. 주기적으로 들어오던 수송선에 문제가 생긴 모양이다. 카페 직원은 흔한 일이라며 내일까지 기다리라 했지만, 지금 당장 먹고 싶은 망고주스를 향한 집념을 포기할 수 없었다.

조바심 나는 마음으로 돌아온 숙소에는 전기가 들어오지 않았다. 맙소사. 선풍기도, 방안의 스탠드도 먹통이다. 숙소 직원은 가끔 이렇게 전기 공급이 불안정해진다며 웃는다. 다들 최고 속도로 에어컨을 틀어대니 그럴 만도 하다. 돈이 있어도 살 수 없는 망고와 깜빡이는 전구, 멈춰버린 에어컨. 금방 축축해진 방 안의 사물들은 내가 존재하는 공간이 바다 위의 섬이란 사실을 알려주었다. 숙소 직원은 마지막 남은 얼음 몇 조각을 넣은 것이라며 내게 라임주스를 건넨다.

섬이란 언제나 무언가 부족하고, 욕망하는 무엇이든 살 수 없고, 그래서 부족함을 채우는 서로의 도움과 마음이 중요하다. 부족한 것을 물질로 채우려 하지 않는 태도와 타인의 결핍을 나의 것으로 채우려는 묵직한 손, 어려움을 함께 나누는 사람들 사이의 사랑이 중요하다. 아마 그 사랑 때문에 이 섬의 사람들이 줄곧 자전거와 마차를 타고, 마지막 남은 시원한 라임주스를 기꺼이 타인에게 내어주는 게 아닐까? 우리가 살고 있는 이 지구도 우주 속에 하나 남은 섬이다. 무엇보다 사랑으로 가득 차야 할 우리의 섬. 얼음 몇 개가 둥둥 떠 있는 라임주스를 직원에게 돌려주고, 나무 아래에 앉았다. 땀을 뻘뻘 흘리던 친구가 웃으며 주스를 마셨다. 꼭 내 몸이 시원 해지는 것 같은 기분이었다.

PM 15:00 & Dancing in the Moonlight, Toploader

오후 3시 알람처럼 비가 내린다. 오늘도 굵은 빗줄기가 지각없이 우리를 찾아왔다. 우리는 샤워기 앞에 선 것처럼 상쾌한 마음으로 비를 맞는다. 내리는 빗소리와 나지막한 노랫소리에 맞춰 기분 좋게 춤을 춘다. 커트 보니것*Kurt Vonnegut Jr.*이 간곡히 부탁했기 때문이다. 잘하든 못하든 예술을 하면 영혼이 성장한다고. 그러니 제발 샤워하면서 노래를 부르라고, 라디오에 맞춰 춤을 추라고, 아주 한심한 시라도 괜찮으니 친구에게 시를 써보라고. 바다를 옆구리에 끼고 하늘을 머리에 이고, 노래를 크게 부르고 말도 안 되는 춤을 추었다. 그럴 때 인생이 달라진다고 믿으면서.

계속 춤을 추다, 고등학교 때 단짝이던 친구를 떠올렸다. 내가 지금 인도네시아의 작은 섬에서 비를 맞으며 춤을 출 수 있는 건 전부 고등학교 때 했던 멍청한 짓 덕분이다. 단짝이던 친구와 온갖 엉뚱하고 우스운 짓들을 도모하며, 누가 더 형편없는지 내기라도 하듯 쓸데없는 일에 열중하던 때가 있었기 때문이다.

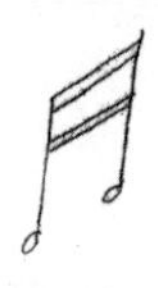

。

열여덟 살의 어느 여름날, 창밖으로 억수 같은 여름비가 내렸다. 친구와 나는 자율 학습이 시작되는 교실로 가려던 발걸음을 돌려 그대로 학교를 뛰쳐나갔다. 고작 비를 맞는 것조차 내 마음대로 할 수가 없다니, 열여덟 살의 우리가 영 안쓰러웠다. 우리는 비를 맞으며 온통 진창이 된 운동장을 첨벙거렸고, 자주 가던 학교 옆 분식집 처마 밑에서 크게 노래를 불렀고, 아무도 없는 골목길의 가로등 아래에서 춤을 추다 몰래 울었다. 우리는 나이가 들어서도 가끔 비를 맞자고 약속했다. 그리고 무슨 일이 있어도 어른이 되지 말자고, 어떤 일이 닥쳐도 하고 싶은 걸 포기하지 말자고 손가락을 걸었다. 언제나 빗속의 그날을 잊지 않았다. 그 장면 덕분에 나는 기어코 직장을 그만둔 채 달랑 가방 하나만 들고 빗방울처럼 이 세계를 떠돌게 되었던 게 아닐까?

。

PM 17:00 & I Feel It Coming, The Weeknd

오후 5시가 되면 우리는 다시 자전거를 몰고 해가 지기 시작하는 해변으로 간다. 해변을 향해 걷는 여행자들을 자전거로 빠르게 지나친다. 붉게 물드는 하늘을 배경으로 경쾌하게 페달을 밟는다. 뜨끈한 오렌지빛 햇살이 하늘로 넓게 퍼져갈수록 우리는 조금씩 자유로워졌다. 페달을 밟을수록 자주 행복하다는 착각에 빠졌다. 꽤

속도가 나는 마지막 내리막길에서는 페달에서 두 발을 떼고 시원하게 소리를 질렀다. 그럴 때마다 하늘로 흩어지는 목소리에 실려 온몸이 둥둥 떠오르는 것 같다. 앞서 가던 K가 내가 지르는 소리를 듣고 나를 돌아보았다. 그리고는 '너를 영영 알 수 없었으면 좋겠다'는 표정으로 미소를 짓는다.

해 질 녘 바다에는 사뭇 많은 사람들이 있다. 하루를 마무리하기 위해 들른 여행자, 말을 씻기러 온 동네 청년, 열심히 그물을 던지는 아이들, 먹을 만한 생물을 바구니 가득 건져 올리는 동네 사람들까지. 그들 너머로 해가 남기고 간 분홍색 그림자들이 꼬리처럼 길게 바다 위에 달라붙었다. 액자에 담아 걸어두고 싶은 순간들이 그렇게 파도에 휩쓸려 사라져 간다. 매일 해가 뜨고 지는 일을 목격하고 그 리듬에 몸을 맡긴 채 이리저리 흘러 다니는 일이 이 섬에서의 하루이다.

K와 나는 지는 해를 바라보며 오늘 하루에 대해 이야기한다. 서로에게 쓰는 편지이자, 스스로에게 전하는 일기이다. 별다른 일 없이 흘러갔던 하루를 시간순으로 떠올린다. 오늘 먹지 못했던 망고주스와 전기가 끊긴 방 안의 후덥한 공기를 떠올리며, 무언가 부족하고 불편한 섬 생활이 짐 없는 우리의 여행과 닮았다고 K가 말했다.

미처 다 마르지 않아 축축한 티셔츠를 입어야 할 때, 나가서 새 옷을 하나 사고 싶다가도 더는 물건을 넣을 공간이 없음을 깨달을 때, 슬리퍼가 없어 신고 다닌 운동화가 바닷물에 젖어 걸을 때마다 뚝뚝– 소금을 흘릴 때. 불편한 순간들은 언제나, 어디에나 있다. 예고 없이 전기가 끊기고, 노상 먹던 망고주스를 마실 수 없는 일들이 일상이 되는 섬에서의 하루처럼 말이다. 하지만 불편하고 부족하기에 더 단조롭고 여유로운 일상이 되는 게 아닐까? 전기가 끊긴 방안에서 쓰는 몇 줄의 메모와 시원한 망고주스 대신 친구와 나눠 마시는 미지근한 라임주스, 에어컨 빵빵한 자동차 대신 땀 흘리며 자전거 페달을 밟으며 보내는 더운 여름날. 그 모든 게 섬이 주는 여백이자 여행이 주는 공백이 아닐까? 그리고 그 빈틈이 우리가 그토록 바라던 삶의 여백이 아닐까?

해가 완전히 졌을 때쯤 우리는 숙소를 옮기기로 했다. 숙소에서 일하는 친구들과 헤어지는 게 서운하지만 오늘 보았던 쓰레기장이 마음에서 내내 소화가 되지 않았다. 얹힌 것처럼 가슴께에 걸린 쓰레기 더미를 어찌해야 할지 고민하다, 앞으로 우리가 생산해내는 쓰레기의 총량을 1그램이라도 줄여보자고 약속했다. 그리고 섬 안의 수많은 숙소들 중 쓰레기 분리수거와 재활용에 힘쓰고 태양열과 풍력 에너지를 사용한다는 작은 호텔에서 하루 묵기로 했다. 하루 숙박비가 우리의 하루 여행 경비와 맞먹는 수준이지만 이 섬에 용서를 구하는 심정으로, 이 섬으로의 여행이 계속되길 비는 마음으로 정했다. 결국은 제일 쉽고 편한 방법을 선택했다는 자괴감이 들기도 했고, 모든 걸 돈으로 다 해결하려는 속물근성에 진절머리가 나기도 했고, 외식도 안 하고 아껴온 돈을 갑자기 쓰려니 덜컥 심술이 나기도 했지만, 굳이 써야 한다면 돈은 이렇게 써야 하니까. 소비해야 한다면 더 가치 있는 곳에 하고 싶으니까. 이 섬을 위해서라면 기꺼이 나의 여행을 포기할 수 있을 만큼 이 섬에서의 하루가 소중하니까. 어떤 순간에는 정말 아끼는 것을 포기함으로써 겨우 그것을 얻을 수 있으니까.

"여보세요? 나야. 오랜만이지? 오늘 비를 쫄딱 맞으면서 춤을 췄거든? 우리 고등학교 때처럼. 그때 우리 어른이 되지 말자고 했잖아. 기억나?"

"기억나지. 아, 그러고 보니 난 지금 너무 재미없는 어른이 되어 버린 것 같아. 오늘 종일 밀린 보험료랑 대출 이자 생각뿐이었거든. 이젠 비 맞으면 불쾌하겠단 생각부터 들어. 비 맞으면서 춤추고, 배낭도 버리고 하는 그 이상한 여행, 계속해봐. 그리고 되지 마, 어른. 별로 재미없다."

"얼마 전에 읽었는데 '사람들은 약간의 돈을 얻기 위해 싫은 일을 50년이나 계속한 끝에, 결국 가난한 채로 죽는'대. 우린 정말 이렇게 끔찍한 삶을 살고 있는 걸까? 차라리 돈이 다라면 얼마나 좋을까? 돈만 버는 인생에서 모두가 행복할 수 있다면 삶이 얼마나 간단해질까? 하지만 우린 알고 있잖아. 인생에서 결코 돈이 전부가 아니라는 걸, 언젠가 때가 되면 우리 삶에서 돈보다 중요한 무언가를 찾아 나서야 한다는 걸 말이야. 물건을 사는 것만으로 인생을 살 순 없으니까."

너를 정의하는 게 너의 여행이라면

발리, 인도네시아 。

발리는 과연 신들의 섬이었다. 집집마다 작은 사원이 있고, 조상신을 비롯한 수많은 신을 모시는 사당이 있다. 그리고 각 마을에는 반드시 힌두교의 삼주신 브라흐마*Brahma*(창조의 신), 시바*Shiva*(파괴의 신), 비슈누*Vishnu*(유지의 신)를 위한 커다란 사원이 있다. 그러니 발리의 모든 사원을 합치면 그 수가 수십만 개에 이른다는 말이 절대 과장이 아니다.

쿠타*Kuta* 지역의 숙소도 마찬가지였다. 입구부터 집인지 사원인지 구분이 애매했다. 심지어 우리가 머물던 방은 예전에 조상 신을 모시던 사당이었다. 매일 밤 신과 함께 잠드는 일은 생각보다 기묘했다. 매일 밤 이상한 꿈을 꾸지 않을지 신경을 곤두세웠지만, 발리의 신들은 우리의 깊은 단잠을 살뜰히 살펴주었다.

쿠타에서 우붓*Ubud*까지 택시로 이동했다. 기사님은 우리에게 우붓에 얼마나 살았는지 먼저 물었다. 우붓에는 처음 가는 길이라 했더니, 짐이 없길래 우붓에 사는 외국인인 줄 알았단다. 짐이 없으니 사람들은 대게 우리를 여행자로 보지 않는다. 택시 기사들도 으레 우리가 이 도시에 사는 사람인 줄 알고, 오히려 게스트 하우스에는 무슨 일로 가는지 묻곤 한다. 커다란 배낭을 메고 길거리를 서성일 때에는 십리 밖에서도 우리가 여행자임을 알아보았는데, 어쩐지 짐이 없으니 더 사람들 속으로, 일상 속으로 스미는 기분이다. 그저 무심히 지나쳐도 이상하지 않은 생활자의 한 명으로.

K와 나는 우붓에서 일주일을 머물기로 했다. 가장 처음 얻었던 숙소는 사방이 뚫려 있는 시원한 대나무 집이었다. 시원한 자연풍이 집을 관통하는 독특한 형태의 가옥인데 논 한가운데 자리를 잡은 모양이 꼭 오두막을 닮았다. 뜨거운 햇볕 아래 샤워를 하고, 개구리와 귀뚜라미와 함께 밤을 보내야 하는 자연 한가운데의 집이었다. 문의 기능을 대신하는 두툼한 천을 걷으면 바로 테라스가 나온다. 그 앞으로 푸른 논밭과 야자수가 펼쳐진다. K와 나는 푸르게 익어가는 논밭을 바라보며 진한 우붓 커피를 마셨다. 향기롭게 커피향만 즐기면 좋겠지만, 오늘 우리는 승부를 결정짓는 마지막 결투를 준비 중이다. 반드시 결판 지어야 할 문제, 바로 슬리퍼이다. 나는 커피 잔을 세게 내려놓고 K에게 선언했다. 슬리퍼를 사지 않으면 오

늘부터 맨발로 다니겠다고. K에게 지지 않겠다는 투쟁의 의지이자, 슬리퍼를 쟁취하고야 말겠다는 일념의 표현이었다. 매일 물에 젖은 운동화의 축축함을 더는 견딜 수 없었다.

"제발 슬리퍼는 좀 사면 안될까? 운동화 내부의 고온다습함이 온갖 곰팡이균을 불러 모으고 있어! 비상 상황이라고! 차라리 맨발로 다니는 게 낫겠어! (버럭)"

"그럼 당장 발바닥에 화상을 입을 걸? (평온)"

"아니 그러니까! 화상을 입거나, 무좀에 걸리거나. 왜 보기가 그 2개뿐이냐고! 슬리퍼를 사면 모두 해결될 문제인데! (버럭 2)"

"가방에 들어갈 공간이 없잖아. 그리고 그거 나중에는 쓰레기 되잖아. 길리에서 쓰레기 줄이기로 약속한 거 잊었어? 그러니 고민을 더 해보자. (평온 2)"

얼마 전 쓰레기를 줄이기로 약속했던 건 인정한다. 하지만 엄밀히 말하면 슬리퍼는 쓰레기가 아니다. 쓰레기가 될 물건도 아니다. 우리가 여행할 동남아시아 지역에서 슬리퍼는 그야말로 생필품인 데다, 나는 이 슬리퍼를 앞으로 50년 동안 사용하기로 마음먹었기 때문이다. 나의 팔순 잔치에 발리에서 산 슬리퍼를 신고 가, 멋지게 폼을 잡을 예정이다. 한참 젊었을 때 발리에서 산 슬리퍼라며, 여행 무용담을 늘어놓는 쿨한 할머니가 될 거란 말이다. 그러니 절대 쓰레기를 사자는 말이 아니다. 말하자면 팔순 잔치에 반드시 필요한 슬리퍼를 발리에서 미리 구매하는 것이랄까? 내가 팔순 잔치까지 들먹이는 걸 듣고 K가 결국 두 손을 들었다. 가방에는 들어갈 공간이 없으니 이동 시에는 가방 끈에 매달기로 합의를 보았다.

시내의 한 가게에 들어가 저렴하고 가벼운 슬리퍼를 고르며 나는 조금 신이 났다. 세 달만에 생필품을 제외한 무언가를 사는 일이 꽤 기대됐던 모양이다. 긴 꼬리처럼 퇴화해가던 쇼핑의 기능이 되살아났다. 전부 비슷하게 생긴 제품들 사이에서 나는 여러 슬리퍼들을 요리조리 살피며 긴 시간을 보냈다. 슬리퍼 하나를 사는 데 이렇게 오랜 시간 고민하다니. 비싼 운동화도 생각 없이 결제하던 때와 분명 다르다. 슬리퍼를 신고 우붓 시내로 나서던 그날, 햇볕에 빨갛게 익어가는 발등을 보면서도 마음은 소나기가 내리는 것처럼 시원하기만 했다.

새 신발을 신고 우붓 시내를 걸었다. 우붓을 걷는 일은 꼭 식물원을 둘러보는 것처럼 싱그럽다. 발리 섬 중앙에 위치한 우붓은 지역 전체가 커다란 식물원처럼 푸르기 때문이다. 초록빛으로 일렁이는 너른 논이 언덕 전체를 감싸듯 흐르고, 좁은 길목마다 멋지게 늘어선 두툼한 야자수와 아무렇게나 자라서 더 소중한 풀밭까지. 좀처럼 푸르지 않은 존재가 없다. 하지만 무엇보다 우붓을 초록빛으로 물들이는 건 우붓에 모여 사는 식물적 존재들이다.

"이 근처에 좋은 채식 레스토랑들이 아주 많아. 우붓에서 난 재료만을 사용하는 식당들이지. 몸에도 좋고, 지역에도 좋고, 지구에도 좋은 식당이야! 너도 전에 채식을 했다고 했지? 나도 5년간 채식을 했어. 지금은 몸에도, 지역에도, 지구에도 좋은 음식을 찾아 필요한 만큼만 먹으려 노력 중이야. 뭐, 매일 잘되는 건 아니지만."

우붓에서 만난 여행자들은 우리에게 다양한 식물성 식당을 추천해주었다. 지역에서 난 재료만을 사용하는 로컬 푸드 식당부터 모든 식기구를 재활용 제품으로 사용하는 레스토랑, 수익금을 전부 지역 사회에 기부하는 비건 카페까지. 다양한 식물성 레스토랑들이 우붓 곳곳에서 여행자들을 기다렸다. 식생활뿐만 아니라 일상생활 깊숙이 채식주의적 습관을 간직한 우붓의 여행자들을 만나며, 지난 몇 년간의 생활이 떠올랐다. 내가 '식물의 식사법'이라고 불렀던 그 생활의 시작은 소 한 마리 때문이었다.

◦

"소가 관절염에 걸렸어. 좁은 곳에 서 있으면 안 된다네."

몇 년 전이었다. 외갓집 대문 앞에 암소 한 마리가 턱 하니 자리를 잡고 앉았다. 외양간에서 한참 여물을 먹을 시간인데 개처럼 목줄을 차고 문 앞에 앉아 있는 소의 낯선 모습이라니. 할머니께 이유를 물으니 이게 다 관절염 때문이란다.

관절염에 걸리 암소를 보며 '나이가 들어 그렇다.' 말씀하시는 할머니의 표정도, 그동안 비좁은 공간에 서 있느라 다리가 불편했을 소의 눈도 모두 마음이 쓰였다. 그 소는 돈이 안 된다고 동네의 소들이 죄다 헐값에 팔려나가던 때에도 할머니가 차마 팔지 못했던 마지막 소이다. 먹이를 줄수록 적자가 나는 축산업 속에서도 오랜 세월 키워왔기에 한 가족으로 여겼던 소이다.

시골에 살았던 우리 집은 오랫동안 다양한 가축을 풀어 키웠다. 개 몇 마리는 이웃집에서 데려온 놈들이고 닭들은 마당 한편에서 푸드덕거리며 알을 낳았다. 몇 마리의 소들은 매일 같은 시간에 뜨거운 여물을 먹으며 시골의 긴 겨울을 보냈다. 할머니는 소를 키우지 않는 지금도 여물을 끓이던 새벽 4시에 일어난다. 그렇게 항상 주위에 있던 동물들. 몇몇은 팔기 위해, 몇몇은 먹기 위해 길렀지만 그들은 우리와 한 식구였다. 갑자기 밥상 앞에 놓인 불고기가 목구멍으로 넘어가질 않았다. 작은 부엌문 너머로 앉아 있는 소의 뒤통수가 보였다. 그리고는 생각했다. '이래서 할머니가 고기를 드시지 않는 걸까?'

○

그날 이후로 나는 3년 동안 육류를 먹지 않았다. 동물 실험을 하지 않는 화장품을 사용하고 동물의 가죽이나 털을 사용한 옷은 입지 않으려 노력했다. 시작은 가축과 함께 자라 온 나의 어린 시절과 소화가 잘되지 않는다며 육식을 하지 않으셨던 할머니의 영향이었지만 결심은 거울 속 나의 얼굴 때문이었다. 파괴적이고 비윤리적인 공장식 축산에 대해 잘 안다고 떠들어대면서 실제로는 무엇 하나 실천하지 않는 거울 속 내 모습이 끔찍한 위선자로 보였다. 아는 것과 사는 것 사이의 괴리, 그 좁고 가파른 골짜기에서 벗어나고 싶었다.

소극적 채식 생활이 3년이 되어 갈 즈음, 나는 이 생활이 과연 내 몸과 지구의 몸에 긍정적인 영향을 주는 것인지 확신할 수 없게 되었다. 채식을 시작한 후 내 식단은 완전한 불량 식품이었기 때문이다. 채식을 할수록 건강한 식단을 꾸리는 세밀함과 식재료들의 생산 과정을 살피는 수고로움이 필요하지만, 나는 그 내면을 제대로 다루지 못했다. 육류가 아니라는 이유로 각종 인스턴트 식품과 다국적 기업의 음료를 퍼먹었으니 고기를 먹을 때보다 세상과 내 몸에 포악한 영향만 줄 수밖에.

3년 간의 채식을 끝내며 나는 내 몸과 세상에 더 나은 영향을 주는 방법을 고민했다. 결국 월요일에 고기를 먹지 않는 대안적 채식 활동 '미트 프리 먼데이*Meat-Free Monday*'를 실천하며 필요한 만큼의 육류를 적당히 먹고, 건강한 배경과 정당한 역사를 가진 동물을 먹는데 더 신경 쓰기로 했다. 또 인스턴트보다는 건강하게 자란 지역의 식재료들을, 좋아하는 사람들과 맛있게 먹기로 다짐했다. 물건의 가격을 넘어, 관계의 가치에 지불할 것, 긴 여행에서도 그 약속을 계속 실천하고자 했다.

우붓에 모인 사람들은 알고 있는 것을 실천하기 위해 매일 반성하고 노력한다. 나 역시 여행하는 동안 아는 것을 실천하려 노력했다. 식탁 위의 동물들에게 항상 감사하려고, 사람과 동물과 환경 사이의 관계에 대해 매일 고민하려 노력했지만 장기간 여행을 지속하며 모든 월요일이 식물성은 아니었음을 고백한다. 묶음으로 세일하는 공장형 소시지를 사지 않고 동네 시장에서 산 신선한 재료들로 직접 밥을 지어먹기 위해 고군분투했지만, 그리 성공적이지 못했음을 반성한다. 자주 약속을 어겼고 나도 모르는 사이에 종종 실수도 범했다. 매일 장을 봐서 요리를 하느라 유명한 맛집에 자주 가지 못해 내심 아쉬워했고, 짧은 시간에 조리를 끝내는 편리함의 유혹에 자주 굴복했다.

그런데도 우리가 월요일에 고기를 먹지 않는 건, 불필요한 짐 없이 여행하며 필요한 때에 꼭 필요한 물건만 사야겠다고 마음먹는 건, 그것이 여행을 넘어 삶을 대하는 태도이기 때문이다. 우리는 우붓의 수많은 여행자로부터 배웠다. 오늘의 저녁 식탁과 내일의 여행 방식이 우리를 둘러싼 세계와 촘촘히 연결되어 있다고, 그렇기에 자신이 믿는 바를 실천해야 한다고 말이다. 실수를 범하지만 반성하는 일을 부끄러워하지 않고, 행동하는데 인색하지 않으려 애쓰는 이유이다.

관절염에 걸렸던 우리 집 소는 꽤 오랫동안 마당에서 지냈다. 지나가는 강아지가 거는 시비도 잘 받아주고, 어떤 날은 볕이 좋은지 잠깐 졸기도 하고, 하늘만 멍하니 바라볼 때도 있었다. 그런 순간에 소가 살아있는 것처럼 보였다. 식탁이 아닌 세상의 일부로, 음식이 아닌 자연의 일부로, 우리 안이 아닌 내 옆의 다정한 친구로.

오랜만에 떠오른 그 소의 표정을 생각하며 오늘 저녁은 월요일이 아니지만 우붓 시내의 채식 레스토랑에 가기로 했다. 집을 나서려고 보니 현관 앞에 덩그러니 놓인 슬리퍼 두 켤레가 눈에 들어온다. 고작 며칠 더 편하자고, 어떻게 만들어졌는지 알 수 없는 플라스틱 조각을 또 사버렸구나 싶다. 무언가를 구매하기 전에 누가, 어떠한 과정으로 만들었는지 더 고민했어야 했다. 오늘도 반성하고 후회한다. 부끄럽고 창피하다. 하지만 우리는 스스로 부끄러운 것들을 숨기지 않고 드러내며, 잘못을 바로잡는 여행을 하고 싶다.

영화 〈배트맨〉에 나온다. '너를 정의 내리는 건 너의 내면이

아니라 너의 행동'이라고, 마음에 담은 것만큼이나 행동이 중요하다고. 우리를 정의 내리는 것이 우리의 여행이라면 우리는 어떻게 여행해야 할까? 오늘 산 슬리퍼와 식물의 식사법, 짐 없는 여행과 동네

레스토랑. 거미줄처럼 얽힌 문제들 사이에서 불편하고 괴롭지만, 무엇이든 선택하고 실천하기 위해 끊임없이 노력하기로 마음먹는다. 마음에 담은 것을 몸으로 표현하고 실천하기 위해, 오늘도, 내일도, 우붓을 떠난 후에도 그리고 이 여행이 끝난 후에도.

"너는 알지? 내가 대학 내내 여행에 몰두했다는 걸. 그때는 잠도 자지 않고 며칠씩, 더 먼 곳으로 떠나길 마다치 않았어. 매번 새로운 곳을 찾아다녔고, 매일 다른 곳에서 잠들었지. 낯선 사람을 선뜻 따라나서고, 길이 없는 곳에 버려지고, 막다른 골목에 무작정 부딪히면서 내 존재의 규칙을 읽어내려 애썼어. 그때 여행은 일종의 탈출이었거든. 일상으로부터 출구, 익숙한 것들로부터의 안녕, 모든 불행과의 이별. 그래서 나의 여행이 누군가의 삶에, 우리 환경에 어떤 영향을 주는지는 안중에도 없었어. 여행자라는 특권을 이용해 누군가의 일상을 방해하고, 세상을 더 나쁘게 만드는 일에 열심히 동조하며 여행했는지도 몰라. 아마 매우, 적극적으로 가담했겠지? 나를 정의하는 게 나의 여행이라면 앞으로 어떻게 여행해야 할까?"

"여행도 달라져야겠지. 여행 중에 내리는 작은 결정에도 나와 세계를 담아내려 신경을 곤두세워야겠지. 피곤할 거야. 불편하고. 가끔 사람들이 우리더러 그러잖아. 그런다고 뭐가 바뀌냐고. 맞는 말이야. 내가 신발 한 켤레 사느라 골머리 앓는 걸로 세상이 바뀌겠어? 하지만 신발 한 켤레로 내가 바뀌잖아. 세상은 그대로여도, 나는 그대로가 아니잖아. 나라는 한 사람이 변하는 건 곧 이 세계가 변하는 것만큼 중요한 일이니까. 그래서 말인데, 그 슬리퍼 말이야. 진짜 팔순까지 신어야 한다? 내가 지켜볼 거야."

다른 집, 다른 삶

나윈, 호주 。

。

"올라가는 길이니, 내려가는 길이니?"

그날 두브로브니크Dubrovnik는 정말 더웠다. 두브로브니크 시내가 내려다보이는 스르지Srđ 산 정상을 걸어서 오르기에는 여러모로 부적절한 날이었다. 팔다리가 녹아내리는 아이스크림처럼 굴었지만 두브로브니크는 눈치 없이 눈부셨다. 스스로 빛을 만들어내는 듯한 아드리아해와 바다를 굽어보는 붉은 도시의 전경이 비현실적으로 아름다웠다. 1667년 대지진으로 도시의 90프로가 파괴되고, 1991년에는 유고슬라비아 내전으로 도시의 80프로가 파괴된 아픔의 도시라고는 전혀 믿기지 않았다. 정상에 오르던 중 우리는 등 뒤로 펼쳐지는 아름다운 도시를 내려다보았다.

"정상에 오르지 않아도 충분히 아름다운데?"

나와 친구들은 헉헉대며 땀을 흘리다, 정상에서 먹기로 한 도시락을 길 중턱에서 까먹던 참이었다. 체력이 꽤 괜찮았던 10년 전이라면 단숨에 올랐을 거리이고, '열정'과 '정복'이라는 단어에 설레던 몇 년 전이라면 악으로 깡으로 질주해 마지않았을 시간이고, 예산이 넉넉했더라면 케이블카로 편히 올랐을 정도의 가격이었다. 우리는 결국 펑크 난 자동차처럼 완전히 퍼져 버렸다. 그래도 꽤 괜찮았다. 정상에 오르지 못해도 스스로가 하찮지 않았다. 이 악물고 애쓰는 건 정신 건강과 치아 건강에 모두 좋지 않다는 걸 알았기 때문일까? 무엇 하나 아쉬울 것이 없는 오후 3시였다. 그때 우리를 뒤따라 언덕을 오르던 노부부가 물었던 것이다. 올라가는 길인지, 내려가는 길인지.

나 "올라가는 길이긴 한데 생각보다 힘드네요. 여기서 쉬었다 가려고요. 어디서 오셨어요?"

할아버지 "오늘 엄청 덥네. 좀 쉬었다 가도 괜찮겠어. 우린 다윈 Darwin에서 왔어. 호주이지만 발리나 동티모르East Timor랑 더 가까운 동네이지. 하하."

○

호주의 도시임에도 인도네시아나 동티모르와 더 가까운 동네로 다윈을 소개하던 할아버지의 농담에 웃으면서도, 우리가 가까운 미래에 다윈을 여행하게 되리라고는 꿈에도 생각지 못했다. 그로부터 정확히 8개월이 지난 지금, K와 나는 다윈행 비행기를 결제하고 있다. 어디서? 놀랍게도 발리에서.

발리에서의 일정이 끝나갈 무렵 우리는 항공권 검색 사이트에서 발리를 떠나는 비행기 티켓을 알아보고 있었다. 수하물이 없는 맨몸이니 저렴한 티켓만 있다면 어디든 날아갈 참이었다. 도착지를 'Everywhere'로 설정하고 여기저기 경로를 살펴보던 우리 눈에 들어온 곳이 바로 호주의 다윈이었다. 크로아티아에서 만난 다윈 할아버지가 떠오르자, 온갖 증거들이 앞다투어 우리의 호주행을 응원하는 듯했다.

"호주 다윈까지 7만 원이라고? 두브로브니크에서 만난 할아버지 기억나? 동티모르나 발리랑 더 가까운 동네가 다윈이라고 했잖아. 7만 원이면 호주의 다윈에 갈 수 있다니! 이걸 우연이라고 불러야 할지, 운명이라고 말해야 할지 헷갈리는데. 아무래도 운명인 것 같아!"

"이럴 수가. 다윈 여행을 검색하다가 우연히 캠핑카 렌트 정보를 찾았는데, 하루 1달러로 캠핑카 여행이 가능해!"

"뭐? 캠핑카가 하루에 1달러라고?!"

우리가 찾은 캠핑카 대여 시스템은 리로케이션*Re-location* 방식이었다. 렌터카 회사가 지정한 위치까지 캠핑카를 이동해주는 대신 저렴한 가격으로 정해진 기간 동안 캠핑카를 이용하는 시스템이다. 운반 기간이 촉박할수록 회사가 더 좋은 조건을 제시하는데, 일부 경우에는 유류비까지 전액 지원해준다. 렌터카 반납 일정과 이동 경로가 본인의 여정과 비슷하다면 저렴한 가격으로 호주 캠핑카 여행을 체험해볼 수 있는 좋은 기회였다. 우리에겐 남아도는 것이 시간이요, 품절되지 않는 것이 자유이니, 망설일 이유가 없었다.

우리는 당장 다윈행 티켓을 결제하고 호주 렌터카의 리로케이션 경로를 검색하기 시작했다. 다윈에서 퍼스로 캠핑카를 이동시키는 경로가 우리의 일정과 비슷했다. 우리는 렌터카 회사가 제시한 기간에 이틀을 연장해, 다윈에서 퍼스까지 캠핑카를 이동해주기로 했다. 두브로브니크에서도, 발리에서도 전혀 상상하지 못한 여행 경로가 내비게이션처럼 우리 앞에 펼쳐졌다. 내비게이션이 살가운 목소리로 말했다.

"자 이제, 호주까지 직진입니다!"

호주의 머리 끝에 붙은 다윈은 마른풀과 붉은 흙이 날리는 황량한 지역이다. 끝이 보이지 않는 도로와 그 위를 내리쬐는 뜨거운 태양, 드문드문 짧게 자란 마른풀과 나무 몇 그루가 세상의 전부이다. 우리는 끝이 보이지 않는 지평선과 눈을 맞추며 쉼 없이 달렸다. 게으름 피우지 않아야 다윈에서 퍼스까지 4,000킬로미터를 완주할 수 있었으니까.

사실 로드 트립을 시작하기 전에는 호주가 얼마나 넓은 땅인지 가늠이 되지 않았다. 하루에 수백 킬로미터씩 달리고, 꼬박 하루 만에 작은 마을을 만나며 그 크기를 체감했다. 게다가 마을이 없는 지역에서는 인터넷은커녕 전화도 사용할 수가 없다. 호주에서 경험하는 오지라니, 그저 놀라울 뿐이다. 'SOS Only'라고 쓰인 스마트폰을 보면 한숨이 절로 나온다. 하루 8시간씩 운전을 해야 하는 차 안에서 인터넷도 할 수도 없고, 메신저로 심심하다며 친구에게 말을 걸 수도 없고, 라디오에서는 알아듣기 힘든 영어만 나오니까. 그러다 로드킬 당한 캥거루처럼 죽은 동물의 시체라도 만나면 여기는 과연 어떤 이름의 지옥인가 싶다.

지나는 차도 자주 만날 수 없는 외로운 도로가 수백 킬로미터씩 이어지다 보니, 앞차든 뒤차든 함께 달리는 차를 보면 그저 반갑다. 그래서인지 길 위의 여행자들은 서로의 차가 스쳐가는 짧은 순간에 손짓과 눈빛으로 간단한 인사를 주고받는다. 손가락 2개로 수

신호처럼 주고받는 안부가 그렇게 든든할 수 없다. 찰나처럼 옆구리를 스쳐가는 짧은 만남 후에는 어김없이 고독이 찾아온다. 이제부터 고독과의 1차 전쟁이 시작된다.

며칠 동안 같은 풍경을 보며, 하루에도 수백 킬로미터씩 끝도 없이 이어지는 길을 달린다는 건 생각보다 아주 무료한 일이다. 그 고독함과 무료함 때문에 로드 트립은 여행보다 명상에 가깝다. 새로운 풍경과 자극에 몸을 활짝 여는 게 여행이라면 자연 속에서 고요하게 내 안으로 침잠하는 게 길 위의 명상이다. 생각할 시간이 너무 많아 처음에는 지난 과거의 사소한 잘못들을 떠올려보고, 인생에서 당장 지우고 싶은 세 장면을 골라보고, 끔찍하게 초라했을 때의 나를 위로하기도 한다. 시간이 많은데도 즐거웠던 일들은 좀처럼 떠오르지 않는다. 빨래 바구니를 뒤집듯 아주 치사한 일들까지 죄다 널어놓지만, 남는 건 먼지투성이인 외투뿐이다. 그러고도 남는 시간에는 미래를 상상해본다. 1년 뒤 오늘 호주의 길 위에 다시 서고 3년 뒤에는 쌓아놓은 메모들을 긴 글로 엮고, 5년 뒤에는 마흔을 걱정하느라 허송세월을 보내는 상상은 어느새 지구의 종말이나 화성에 착륙하고 나서야만 끝이 난다. 그래서 진짜 끝이냐고? 그럴 리가. 그래도 시간은 남는다.

이제부터는 명상의 단계이다. 시시각각 변해가는 하늘의 색깔과 각종 식물들의 채도를 탐색하며 더 고요하게, 서로의 생각에 집중한다. 처음에는 지루하기만 했던 시간들이 점점 우리의 내면을 풍성하게 했다. 우리에게 지루함, 이런 심심함, 이런 고요와 고독이 얼마나 필요했을까? 그래서 나에 대해, 인생에 대해 생각할 시간이 말이다. 사라 메이틀랜드*Sara Maitland*의 《혼자 있는 법》에서 정적의 매력에 대해 읽은 적이 있다. '정적이 주는 공허 속을 탐험하는 흥미진진한 모험, 그 모험을 통해 인간의 영혼, 한 개인의 정체성, 성격에 일어나는 일들에 홀딱 반해버렸다'고 그는 적었다. 우리도 같은 경험을 하고 있는 게 아닐까? 오직 우리뿐인 고요한 장면 속에서 섬세한 자연의 아름다움을 만끽하고, 잃어버린 나의 목소리를 찾고, 나라는 정체성을 완성해가는 조각들을 줍고 있는 게 아닐까? 부스러진 빵 조각처럼 떨어져 있는 나의 조각들을 줍다 보면 우리는 어디에 가 닿게 될까?

길 위의 여행이 끝나갈 때쯤 우리는 스스로 생각하는 일과 쓸데없이 공상하는 일, 그리고 조용히 나의 소리에만 집중하는 일에 꽤 익숙해졌다. 하루 종일 인터넷을 하지 않아도 심심하거나 무료하지 않았다. 어디든 와이파이를 이용할 수 있는 도심에서도 왜 그리 LTE 무제한에 집착했는지 모르겠다.

해가 뜨기 시작하면서부터 수백 킬로미터를 달리다, 해 질 무렵이면 근처 캠핑장에 자리를 잡는다. 캠핑장에 도착하면 해가 완전히 지기 전에 끝내야 할 일이 많다. 저녁을 지어먹고 설거지를 하고,

내일 운전할 경로와 머무를 캠핑장을 알아보고, 차의 상태가 괜찮은지도 꼼꼼하게 살펴야 한다. 무엇보다 중요한 일과는 바로 빨래이다. 가방 하나만 들고 다니는 우리의 여행은 거의 모든 면에서 만족스럽지만 매일 밤 손빨래를 해야 할 때면 정말이지 절망스럽다. 이제 빨래와의 2차 전쟁이다.

입고 다니는 옷이 한 벌 뿐인 우리는 옷을 꼼꼼하게 잘 빨고 잘 말려야 한다. 하지만 호주에 와서는 그게 참 쉽지 않다. 물이 부족한 경우가 많은 캠프 사이트에서는 손빨래도 쉽지 않고, 매일 밤 온도가 급격히 낮아져 잘 마르지 않는다. 옷이 잘 마르지 않은 날에는 축축한 바지를 입고 종일 지내야 한다. 옷에서 덜 마른빨래의 찝찝한 냄새가 풍길 때면, 내가 미니멀리즘을 추구해서 더러워진 건지, 원래 더러워서 미니멀리즘을 하고 있는 건지 모를 경지에 오르게 된다.

다행인지 불행인지, 시간이 지나면서 우리는 매일 스스로 빨래를 하는 일에 (혹은 더러운 걸 견디는 일에) 익숙해져 갔다. 서로에게 미루던 빨래도 이제 알아서 척척 해낸다. 샤워하며 간단한 빨래를 처리하는 과정이 자연스레 몸에 익었고, 주변의 사물을 이용해 과학적으로 빨래를 널거나, 버려진 비닐봉지를 활용하여 적절한 세탁 효과를 주는데도 도가 텄다. 그러고 보면 집집마다 꼭 세탁기가 필요한 물건인가 싶다. 가볍게 여행하는 동안 누군가 우리에게 속삭였다. 우리에게 진짜 필요한 건 멋진 세탁기가 아니라고. 모든 집에

Tra master

꼭 세탁기가 필요한 것도 아니라고.

빨래를 마치고 돌아와 차 문을 활짝 열고 앉아 맥주를 마신다. 차문 밖으로 희고 넓은 백사장이 끝도 없이 펼쳐졌다. 오늘 우리 집이 브룸*Broome*의 해변가이기 때문이다. 단단하고 흰모래 때문에 사륜구동 자동차와 오토바이들이 바다 아주 가까이 들어갔다. 줄지어 걸어가는 낙타들이 모래 위를 타박타박 걷다 잠깐 바다 위에서 쉬어가기도 한다. 낙타와 바다라니, 해변이 광활한 사막처럼 보인다. 바다가 사막 위의 파란 오아이스처럼 느껴진다. 어제 우리 집은 구름 한 점 없는 끝도 없이 펼쳐지는 대지가 수평을 이루는 벌판이었다. 지평선 너머로 물드는 어제의 노을도 아주 아름다웠다.

캠핑카로 여행하면서 차를 세우는 어느 곳이든 곧 우리 집이 되었다. 이 바다가, 그리고 이 세계가 전부 우리 집처럼 느껴졌다. 머무는 곳이 곧 집이 되는 길 위의 여행, 이렇게 살아도 괜찮겠다 싶다. 빚내서 집을 사지 말고, 어디든 머무는 곳이 우리의 집이 될 수 있다면 좋겠다. K와 나는 지금처럼 가벼운 차림으로 살아갈 우리만의 집을 만들면 어떨까 상상해보았다. 여행하는데 필요한 짐이 2킬로그램이라면 인생을 짓는데 필요한 짐은 20킬로그램이면 충분하지 않을까? 적게 소유하는 대신 의미 있는 삶을 고민하는, 내가 소중히 하는 것들에만 집중하며 살아가는, 가방 2개가 전부인 우리의 여행처럼 단순한 삶을 담아낼 수 있는 가벼운 집이면 좋겠다. 호수와 산을 앞에 둔 작은 자동차 혹은 거실 대신 정원이 전부인, 아니면 여럿이 모여 하나의 집에 이루는, 어쩌면 짐이라곤 아무것도 없는 텅 빈 공간일지도 모르겠다. 그런 집은 대부분의 사람들과는 다른 모양일 거다. 하지만 똑같은 집에 살면서 다른 삶을 사는 일이 가능할까? 다양한 모양의 집이 있다는 건 다양한 삶도 있을 수 있다는 의미가 아닐까? 우리는 길 위를 여행하며 집을 '사는' 것보다 자기만의 삶을 '사는' 모습이 더 중요하다고 배웠다. 그리고는 앞으로 다른 집에서, 다른 삶을 살고 싶다고 생각했다. 그게 우리가 누군가와 다른 여행을 시도하는 이유이다. 다른 집, 다른 여행을 상상하며 아주 달라진 삶을 살기 위해.

해 질 녘 물이 빠진 바다는 단단한 모래를 두고 잠깐 외출하는 누군가의 뒷모습 같다. 멀리 걸어가는 뒷모습 아래로 젖은 외투가 펄럭이듯 파도가 일렁였다. 사람들은 저마다 바다 앞에 자리를 잡고 멀리 가는 누군가를 배웅한다. 그렇게 낮이 가고 서서히 밤이 내린다. 낮이 간 자리에 내린 밤은 더욱 완벽했다. 불빛 하나 없이 완벽히 검은 밤은 그 어떤 밤하늘보다 화려했다. 거대한 돔 안에 들어와 있는 듯, 둥글게 빛나는 밤하늘. 별들은 천장부터 땅끝까지 빼곡하게 들어찼다. 매일 밤 이런 풍경을 창밖으로 볼 수 있는 집이라면, 세탁기와 4기가 LTE 요금제는 기꺼이 포기할 수 있겠다.

'HEY THERE, TAKE A REST(이봐, 쉬어가지 그래?)'

오늘 낮에 본 이정표가 떠올랐다. 앞만 보고 달려 나가는 인생길에도 표지판이 군데군데 서 있었으면 싶다. 어느 길목에서는 쉬어가라는 안내판이 있었으면 좋겠다. 'LTE 무제한 요금제와 세탁기는 필요 없어요'라고. '마흔 살까지 앞으로 10년, 쉬어가세요'라거나 '매일 밤 별을 보세요'라거나, '오늘도 수고했어요', '내일은 놀아도 괜찮아요'라고.

"제발, 내 양말도 같이 빨래해 주면 안 될까? 나... 정말 힘이 없어.... (영화 〈인사이드 아웃〉의 슬픔이 버전)"

"소용없어. 지난번 내가 부탁했을 때 거절했잖아. 복수이다."

"거- 중구형 장난이 너무 심한 거 아니오! (영화 〈신세계〉의 이정재 버전)"

"(절레절레) 오늘 딱 하루이다. 내일부터는 스스로 하도록 해."

"고마워. 캠핑카에서 지내면서 꽤 많은 것들이 바뀌었어. 사실 이전까지는 여행 중에도 갑자기 무언가 마구 사고 싶은 마음이 들었거든? 그런데 캠핑하면서 자연스럽게 생각이 바뀐 것 같아. 새로운 걸 꼭 사지 않아도 얼마든지 부족한 것들을 구할 수 있으니까.

내게 남는 물건들은 캠핑장 사람들과 나눠 쓰다 보니 필요 없는 물건을 꼭 사야 할 필요가 있을까 싶었어. 다른 사람과 교환해도 되고, 여러 사람과 공동으로 사용해도 되니까. 어떤 물건은 내가 소유할 때보다 여러 사람과 공유할 때 더 가치 있었어. 어쩌면 더 즐겁고, 더 자유롭고, 더 가치 있는 삶은 이 캠핑카에서 시작될 수 있지 않을까?"

"더 즐겁고, 더 자유롭고, 더 가치 있는 삶은, 스스로 하는 빨래에서 시작되는 거야."

저 돌고래 한 마리처럼

데넘, 호주 。

캠핑장에서의 하루는 평소보다 이르게 시작된다. K는 동이 트기 전에 일어나 가장 먼저 커피를 끓인다. 오늘 아침은 캠핑장 가득히 축축한 안개가 내렸다. 나는 캠핑카 안에 비치된 담요를 둘둘 만 채로 차 문을 열었다. 어제보다 떨어진 기온이 안개를 머금어 쌀쌀했다. 커피를 끓이고 있는 K에게 짧은 아침 인사를 건네고, 방금 세수를 마친 듯 물방울을 잔뜩 얹은 잔디 위를 맨발로 거닐었다.

커피를 마시며 아침 식사를 준비한다. 메뉴는 매일 비슷하다. 미리 사두었던 채소들로 샐러드를 만드는 게 시작이다. 손으로 대충 찢은 양상추와 각종 채소들을 투박하게 마련한다. 그 위에 올리브유를 듬뿍 두르고, 새콤한 맛을 내는 과일 몇 쪽을 손으로 으깨 넣는다. 먹기 전에 약간의 소금을 더하는 것은 살레르노 할머니에게 배운 비법이다. 샐러드는 그냥 먹어도 좋고, 어제 먹다 남은 빵에 넣어 샌드위치처럼 먹어도 훌륭하다. 매일 똑같은 아침 식사이지만 그날 캠핑장의 풍경과 날씨, 주변 사람들의 표정에 따라 전혀 다른 맛을 낸다. 오늘은 잔뜩 흐린 날씨 덕에 쌉쌀한 커피 향이 유독 짙고, 한껏 촉촉해진 빵이 샐러드와 무척 조화로웠다.

아침 식사를 하고 있으면 동이 트기 무섭게 부지런히 길을 떠나는 무리들이 보인다. 우리와 차를 맞대고 저녁을 먹었던 가족이 우리보다 앞서 길을 나섰다. 그들은 캠핑장을 떠나며 오늘 우리 집이 어디인지 물었다. 어느 캠핑장에 묵을 예정인지 묻는 것이다. 혹시 비슷한 속도로 가다 어딘가에서 만나게 된다면 그들을 우리 집에 초대하기로 했다. 기약 없는 헤어짐은 낭만적이다. 아마 언젠가, 어디에선가 부디 다시 만나자는 간절함이 담겨있기 때문이 아닐까? 지킬 수 없어도 괜찮다. 지키지 못해도 괜찮다. 약속만으로 그들 마음이 넘치도록 전해지니까. 그러고 보니 오늘은 그 숱한 기약들 중 하나를 지키는 날이다. 기약 없이 만나기를 고대했던 친구는 한 마리의 동물이다. 정확히는 돌고래.

ㅇ

언젠가 호주에서 돌고래를 만나야겠다고 약속한 건 작년 아일랜드에서였다. 정확히는 아일랜드의 남쪽의 작은 도시, 딩글Dingle에서. 당시에 K와 나는 작은 자동차 하나를 렌트해 아일랜드의 작은 마을과 해안 도로를 여행 중이었다. 자동차 뒷좌석에서 쪽잠을 자고, 슈퍼마켓에서 산 식빵과 햄으로 대충 만든 샌드위치를 먹으며 며칠 째 아일랜드의 대자연을 만끽했다. 과거 유럽에서 세상의 끝이라 믿었던 파멸의 벽, 모허 절벽The Cliffs of Moher을 시작으로 실타래처럼 얽힌 아일랜드의 복잡한 해안 도로를 달리고 또 달렸다. 이제 어디로 가볼까 고민하며 지도를 뒤적이다가 묘한 이름의 도시, 딩글을 발견했다. '딩글-딩글-' 입 안에 굴러가는 발음이 참 귀여운, 그래서 계속 불러보고 이름의 도시였다. 동그란 모양의 글자와 둥둥 떠다니는 소리에 끌려 우리는 무작정 딩글로 향했다. 오래전 강원도를 여행하다 '둔둔리'라는 이름에 끌려 대책 없이 길을 나섰다가 아무것도 보지 못하고 돌아온 일이 생각났지만 딩글을 포기할 순 없었다. 이름이, 너무, 귀엽잖아!

딩글은 우리의 우려가 무색하게 참 매력적인 마을이었다. 알록달록한 색의 건물들과 그 안에 소규모 갤러리들, 그리고 100년 역사는 거뜬한 아이리시 펍들이 오밀조밀하게 들어찬 마을이었다. 살이 꽉 찬 살구처럼 사랑스러운 동네를 걷다 우리는 마을의 오래된 펍에 들어갔다. 100년의 역사와 200여 종의 위스키 컬렉션을 자랑하는 펍으로, 규모는 작지만 그 역사와 분위기 덕분에 아일랜드에서도 이미 유명 인사였다.

가게에 들어서자 흰 종이에 크게 적힌 'No Trump Talk'라는 문장이 보였다. 그동안 이 작은 펍에서 얼마나 많은 사람들이, 얼마나 숱한 이야기로 서로를 사랑하고 또 파괴했는지 짐작 가지 않았다. 벽에 걸린 문장만으로도 충분히 흥미로운 펍이지 않냐고 K에게 속삭였다.

우리는 그 펍에서 딩글의 돌고래에 대해 듣게 되었다. 딩글 반도의 바다를 떠나지 않는 돌고래, 펑기Fungie가 바로 그 주인공이다. 30년 전 마을의 어부들이 팔지 못하고 남은 생선을 바다에 버릴 때 그들을 따라온 돌고래가 있었다. 그저 먹이를 쫓아온 줄 알았던 돌고래는 먹이를 다 먹고 난 후에도 마을을 떠나지 않았다. 어부들은 마을의 펍마다 자리를 잡고 앉아 도대체 돌고래가 왜 딩글을 떠나지 않는지 궁금해 했다. 답을 얻지는 못했지만, 마을 사람들은 그 이상한 돌고래에게 이름을 붙여주고 함께 살아보기로 한다. 인구 천 명의 작은 도시를 떠나지 않는 사랑스러운 돌고래, 펑기의 삶이 시작되던 날이다.

펑기를 만나고 싶다는 우리에게 주인이 알려준 장소가 있었다. 마을 사람들이 운영하는 투어 프로그램을 이용하면 배 위에서 더 가까이 펑기를 만날 수 있지만, K와 나는 그저 자유롭게 바다를 누비는 펑기를 보고 싶었다. 우리는 딩글의 항구에서 시작되는 흙길을 따라 걸었다. 대서양에서 불어오는 날카로운 바람과 그 바람으로 조각된 바위들이 해안을 따라 늘어서 있었다. 그리고 가끔 몇 마리 소와 양들이 한가롭게 식사 중이었다.

좁은 흙길이 먼 바다에서 밀려오는 파도와 만나는 길목에 이르렀다. 그곳에서 우리는 아주 멀리서, 자유롭게 유영하는 펑기를 보았다. 수면 위로 뿜어져 나오는 하얀 물보라, 부드러운 원형을 그리며 수면 위로 올라왔다 이내 사라지는 곡선. 정말 돌고래 펑기였다. 자연에서 자유롭게 살며, 스스로 자신의 집을 정하고, 이곳을 떠나지 않기로 결정한 이상하고 아름다운 돌고래였다. 손톱처럼 작게 보이는 펑기를 보며, 돌고래가 더욱 궁금해졌다. 그렇게 야생 돌고래에 대한 정보를 더 찾아보다가, 호주의 한 국립공원에 살고 있는 돌고래에 대해 들었다. 얕은 해변에서 돌고래와 마주 앉은 어린아이의 사진을 저장하며 언젠가 꼭 이곳의 돌고래를 만나겠다고 약속했다. 꼭 만나자는 간절함이 담긴 마음, 정해놓으면 반드시 그날은 온다는 낭만이 담긴 그 약속 덕분이었다.

○

호주의 야생 돌고래들이 모이는 해변은 몽키 마이어*Monkey Mia* 보호 구역이다. 이 해변에 매일 같은 시각, 야생 돌고래들이 사람들을 만나기 위해 찾아온다. 해변 근처에 위치한 리조트와 캠프 사이트에는 돌고래들을 만나기 위해 이곳을 찾는 여행자들로 늘 북적인다. 우리도 근처 캠프 사이트에 자리를 잡고 돌고래들과의 만남을 기다렸다.

오전 7시 반이 되자 보호 구역에 위치한 해변으로 사람들이 모이기 시작했다. 돌고래의 피부와 눈에 큰 자극이 되기 때문에 다리에는 절대 선크림을 바르지 말라는 당부를 다들 지켰는지 궁금했다. 나는 선크림을 바르지 않은 맨다리를 당당히 드러내며, 씩씩하게 바다를 향해 걸었다.

아침 8시에 돌고래들과의 만남이 시작된다기에 국립 공원 관리인들이 어떻게 돌고래를 부를지 궁금했는데 놀랍게도 돌고래들은 시간에 맞춰 알아서 해변을 찾아온다고 했다. 스스로 찾아오기 때문에 매일 몇 마리가 올지, 과연 그들이 오늘도 해변에 나타날지 예측할 수 없다고 덧붙였다. 도대체 돌고래들이 어떻게 시간을 알고 찾아온다는 거야?

처음 이곳에 돌고래들이 등장한 건 1960년 무렵이라고 한다. 한 어부가 돌고래들에게 생선을 주기 시작하면서 몇몇 돌고래들이 이 해변을 찾아왔는데 그 후로 일부 돌고래 가족이 계속 이곳을 찾아왔다. 매번 빠지지 않고 이 해변에 들르는 장난꾸러기 돌고래, 퍽*Puck*의 엄마가 처음 이곳에서 사람들과 만났던 돌고래였다. 보호 구역에서는 돌고래들이 계속 사냥하며 바다에서 살 수 있도록 매일 딱 간식만큼의 생선만 준다. 돌고래들의 본성과 그들의 야생성을 보호하기 위한 방법이다. 그러니 돌고래들이 단순히 먹이를 먹기 위해 해변을 찾아오는 건 아니다. 안내원의 설명에 따르면 돌고래들은 그저 가볍게 간식을 먹고, 사람들을 구경하기 위해 잠깐 해변에 놀러 오는 것이었다. 돌고래 가족이 마치 근처 놀이터에 놀러 가듯, 친구들끼리 영화를 보러 가듯 이 해변에 스스로 찾아온다는 사실이 정말 놀라웠다.

8시가 가까워지자 먼 바다에서 몇 마리의 돌고래들이 해변을 향해 헤엄쳐 오는 게 보였다. 오늘 해변을 찾은 돌고래는 퍽, 키아*Kiya*, 피콜로*Piccolo*, 서프라이즈*Surprise*, 쇼크*Shock* 그리고 몇 마리의 친구 돌고래들이었다. 돌고래들은 사람들이 줄지어 서 있는 해변 아주 가까이까지 다가왔다. 사람들 앞에서 헤엄을 치며 간식을 먹고 눈을 굴려 사람들을 구경했다. 장난치기를 좋아하는 퍽은 자신의 이름을 부르는 공원 관리인의 다리에 얼굴을 부비기도 하고, 납작하게 옆으로 누워 재미난 표정으로 사람들을 쳐다보았다. (장난기가 가득한 개구쟁이의 표정이었다. 정말!) 코 앞까지 다가와 우리를 쳐다보는 퍽과 눈을 맞추며 조심스레 이름을 불러보았다.

돌고래들은 간식 시간이 끝난 후에도 해변 가까이에서 다 같이 헤엄을 치며 한참 장난을 걸다 먼 바다로 떠났다. 동물원이 아닌 자연에 사는 돌고래, 자유 의지로 자기의 삶을 스스로 결정하는 돌고래, 자연스럽고 자유로운 삶을 사는 돌고래. 그들이 머무는 바다 어딘가를 향해 나도 손을 흔들었다.

"정말 놀랍다. 시간을 알고 찾아와 사람과 놀다 가는 돌고래라니. 아마도 이 해변이 인간과 야생 돌고래가 가장 가깝게 만나는 곳이 아닐까?"

"퍽이랑 눈이 마주쳤을 때 있잖아. 그 순간이, 뭐랄까. 내 삶을 완전히 바꿀 수도 있겠다는 생각이 들었어. 내 안에 아주 무거운 추가 달리고, 거대한 닻을 내려서 내가 흔들릴 때마다 나를 꽉 잡아줄 것 같았거든. 여행이 끝나고 다시 꽉 막힌 신도림역에 서더라도, 그저 그런 일상을 살더라도, 돌고래와 눈을 맞춘 그 순간이 꽉 나를 잡아줄 것만 같아. 오늘 여기서 느낀 걸 절대 잊지 말라고, 여행하며 다짐한 약속들을 잘 지키라고 속삭여줄 것 같아."

몽키 마이어의 돌고래들을 만나고 우리는 해안선을 따라 서호주의 남붕 국립 공원*Nambung National Park*까지 질주했다. 눈밭인지 모래밭인지, 설산인지 사막인지 분간이 어려운 신비한 모래 언덕에 올라, 흰 모래가 구름처럼 모였다 하늘 너머로 흘러가는 장관을 말없이 지켜보았다. 그리고 '자연이 빚어낸 태고의 사막 조각품'이라는 피너클스 사막*Pinnacles Desert*을 지나, 마침내 4,000킬로미터 여정의 최종 종착지, 퍼스*Perth*에 도착했다.

마지막까지 별다른 사고 없이 안전하게 도착했다. 긴 거리, 짧은 시간이었다. 캠핑카를 반납하고 미리 예약한 숙소까지 이동하기 위해 택시를 불렀다. 연세 지긋하신 할아버지께서 다윈에서 퍼스

까지 해안선을 따라 이동한 우리를 보시고는 놀랍다며 말씀하셨다.

"난 다윈에 가본 적이 없어요. 4,000킬로미터라니, 정말 대단하네요. 당신은 대부분의 호주 사람들보다 더 많은 것을 본 셈이죠. 서호주가 진짜 호주지! 가장 기억에 남는 건 뭔가요?"

기억에 남는 장면을 물어보는 할아버지의 목소리에 퍽과 눈을 맞추던 순간이 떠올랐다. 호주 최북단의 다윈부터 이곳 퍼스까지 4,000킬로미터를 달려왔는데 겨우 돌고래를 만난 게 떠오르냐고 할 수도 있겠지만, 내게는 한 생명의 영혼과 경이로운 악수를 나눈 일생일대의 순간이었다.

호주는 그 자체로 아주 커다란 국립 공원이었다. 어쩌면 우리는 캥거루가 사는 땅을, 돌고래들이 사는 바다를 잠깐 빌려 살고 있는 게 아닐까? 그들이 주인인 공원에 우리가 잠시 머물다 가는 것이다. 그러니 돌고래도, 캥거루도, 인간도 자연스럽고 자유로운 삶을 조심스레 살다 가면 그뿐이다. 오늘도 사람을 만나기 위해 해변을 찾기로 결정한 저 돌고래 한 마리처럼.

"여행을 결심하기 전까진 나름대로 잘 살아왔다 생각했어. 내가 자유롭다는 믿음이 있었고 내 삶이 자연스러운 거라 여겼지. 그러던 어느 날, 이제껏 내 의지였다고 믿었던 모든 게 전부 가짜처럼 느껴지는 거야. 친구에게 돈을 빌려 학자금 대출금을 갚고, 엄마 등쌀에 못 이겨 어딘가에 취직하고, 친구들은 다 가졌으니까 나도 저걸 사야 하나 싶고. 자유롭지도, 자연스럽지 않았어. 여행은 그런 고민에서 시작된 거야. 누군가 권하는 대로 살지 않기로, 세상이 만들어놓은 아스팔트 위를 달리지 않기 위해서 말이야. 뭐랄까. 오늘 만난 돌고래들이 그런 나의 선택을 응원해주는 것 같았어. 자유롭게 살라고, 그래도 된다고, 모두가 선택했다고 해서 정답이 아니라고, 슬쩍 윙크하며 속삭여주는 것 같았어."

"그래. 우리도 스스로 선택한 삶을 살자. 우리 인생을 의도적으로 살아보자. 우리가 배낭을 버리고 여행하는 것처럼, 이 바다를 떠나지 않기로 스스로 마음먹은 저 돌고래 한 마리처럼."

Part 5

여행, 산책하듯 가볍게

9년 동안 우리는

만달레이, 미얀마 。

"난 나이 드는 일이 기대되는데? 9년 전과 지금의 나는 완전히 다른 사람이야. 지금이 좀 더 낫지. 너무 걱정하지 마. 미얀마도 그럴 거야."

"무슨 말도 안 되는 소리를 하는 거야. 9년 전이 훨씬 좋지. 젊고 거침없고, 수줍고 진실되고, 뭐든 잘 외워지고, 뭐든 다 용서받고! 미얀마도 그럴 거야. 변했을 거야, 나처럼, 후지게."

K는 그 뒤로도 나이 드는 일이 얼마나 멋진지에 대해 해설했다. 축구 경기를 중계하듯 흥미진진하게 지난날보다 나아진 자신을 설명했다. 그래서 앞으로도 늘어나는 흰머리에 비례해 인격은 성숙해질 것이고, 매사에 여유가 넘치는 품격 있는 어른이 될 거라고. 시간이 가는 게 그리 나쁘기만 한 게 아니라고. 시간이 흐르고 나이를

먹는 게 정말 그렇게 멋지기만 한 걸까?

나이가 드는 일이 슬프다고 운운하기에는 좀 이르지만, 9년 전과 나는 달라도 너무 다르다. 성숙하고 근사해졌냐고? 글쎄. 눈가에는 노화의 상징인 주름이 늘기 시작했고 생전 걸리지 않던 감기가 환절기마다 각설이처럼 죽지도 않고 찾아온다. 팽팽하게 돌아가던 머리도 무뎌져, 한 번 보고 외웠을 내용도 여러 번 반복해야 한다. 게다가 이 모든 우환들이 사라지기는커녕 앞으로 점점 더 악화될 일만 남았다. 이래도 나이가 드는 게, 시간이 흐르는 게 대수냐고 할 수 있을까? 이렇게 삐딱해지는 것도 다 나이 때문이다. 10년 전에는 밝고 명랑하고 언젠가 세상이 바뀌리라 믿었다니까, 진짜로.

진심이 조금 시시해지고 용서가 살짝 우스워진 나이가 되어 다시 미얀마를 여행하는 일이 걱정스러운 이유이다. 9년 동안 나는 나이를 먹었고, 시력이 더 떨어졌고, 다니던 직장을 때려치웠고, 김삿갓처럼 방랑하며 수개월을 집 없이 여행 중이다. 미얀마는 그 9년을 어떻게 보냈을까. 비행기가 난기류를 만나 흔들렸고 내 마음도 무방비로 흔들리는 중이었다.

미얀마의 바간*Bagan*에서 꼭 보기로 마음먹은 풍경은 당연히 일출이었다. 9년 전 일출을 보기 위해 황량한 흙길을 걷고 또 걸었던 기억이 부처의 깨달음처럼 숭고하게 남아있기 때문이다. 일출을 보기 위해 K와 새벽부터 일어나 준비를 마쳤다. 동이 트기 전 푸릇푸릇한 공기가 좋았다. 검기도, 푸르기도 한 공기가 하늘과 땅 사이를 가득 채웠고 거리의 개나 사람은 그 사이를 둥둥 떠 다녔다. 마치 꿈처럼.

숙소 앞에서 같이 출발하기로 한 친구들을 기다리며 우리는 잠이 덜 깨 부스스한 눈으로 푸른 새벽 공기에 기대어 잠깐 졸았다. 까무룩 잠들었다 깨어보니 일행들이 전부 모였다. 어제 숙소 입구에서 보았던 독일인 어머니와 아들, 애인으로 보이는 프랑스 여자애 둘이 작은 트럭에 올랐다. 우리는 수천 개의 사원과 불탑이 잘 내려다 보인다는 쉐산도 파고다*Shwesandaw Pagoda*에 오르기로 했다. 잠이 서린 목소리로 여행자들은 태국 국경과 라오스 국경을 넘나든 이야기를 나눴다. 그 국경을 넘었던 것도 9년 전이니 요즘 도로의 사정은 어떤지 궁금해졌다. 프랑스 여자애들은 그럭저럭 견딜 만한 수준이라며 그 옛날의 미얀마는 어땠는지 물었다. 그리고 다시 돌아온 기분이 어떠냐고. 그땐 어땠을까?

도착한 쉐산도 파고다 앞에는 여행자들이 타고 온 마차와 오토바이, 작은 자동차들로 시장통처럼 북적였다. 동이 터오는 하늘과 붉은 파고다들이 잘 내려다보이는 곳에는 이미 수많은 여행자들이 자리를 잡은 상태였다. 고가의 카메라를 삼각대 위에 올려놓은 단체 관광객들이 저돌적으로 셔터를 눌러댔다. 새벽녘 새소리보다 카메라

셔터 소리가 더 크게 들리고, 아침 햇살에 물드는 자욱한 흙먼지보다 좋은 카메라에 마음을 뺏겼다.

그땐 어땠을까. 9년 전에는 적어도 고요한 아침 풍경을 마음 놓고 즐길 수 있었다. 9년 전 이곳에 일출을 보러 왔을 때, 덜덜거리는 마차를 타고 새벽을 가르는 동안 작은 도시는 내내 잠들어 있었다. 나는 아주 깜깜한 밤부터 해가 뜨는 새벽녘까지 파고다 위에 몇 시간을 앉아 있었다. 그곳에는 나와 어느 낯선 여행자 한 명뿐이었다. 사람 지나가는 발걸음 소리도 들리지 않는 그 시간은 밤도, 아침도 아닌 신비한 시간이었다. *'누구를 사랑해도 혼나지 않을 꿈' 같은 시간이었다. 그곳에는 오로지 1,000개의 파고다와 그 안의 철석같은 믿음, 수백 년의 고독만이 존재할 뿐이었다. 조용히 번져오는 해를 묵묵히 바라보며 나는 사진을 찍지도, 누구에게 말을 걸지도 않았다. 그날의 미얀마와 오늘의 미얀마가 전혀 다른 사람처럼 생소했다.

변한 건 바간뿐만이 아니었다. 인레 호수*Inle Lake*로 유명한 마을, 나웅쉐*Nyaung Shwe*도 마찬가지였다. 9년 전 나웅쉐에서 만났던 두 소년을 보기 위해 다시 찾아 온 마을은 꽤 낯선 모습이었다. 지난 명절보다 키가 훌쩍 자라 알아보기가 힘들어진 사촌 동생처럼 낯

* 황인찬 《무화과 숲》

섰었다. 새롭게 올라간 건물들은 죄다 루비나 다이아몬드 등 보석의 이름을 딴 호텔이 되었고, 전보다 자동차나 오토바이도 부쩍 늘었다. 자전거를 타고 다니던 좁은 골목에 빵빵– 경적을 울리는 자동차를 보니 어색하고 불편한 기분을 감출 수 없었다.

9년 전, 내가 두 소년을 만났던 게스트 하우스 자리에는 5층짜리 새 건물이 들어서 있었다. 9년 전에 이곳은 그저 작은 게스트 하우스였다. 그 게스트 하우스 끝방에 내가 찾으려 했던 두 소년이 살고 있었다. 게스트 하우스에서 일을 해주며 먹고 잔다던, 학교에 가지 않는 소년들이었다.

9년 전 미얀마는 겉으로는 평화로운 듯 보였지만 속으론 거센 저항이 들끓던 시기였다. 민주화 시위를 거세게 진압하던 독재 정권은 학교를 휴교하고 모든 외부와의 연락을 차단했다. 비자를 받기도 어려웠고, 해외로 전화 한 통 걸기는커녕 인터넷에 접속할 수도 없었다. 4주간 여행하며 만난 외국인이 열 명 남짓이었으니까. 두 소년은 내내 혼자 지내던 나에게 먼저 말을 걸어주며 좋은 친구가 되어주었다. 우리는 곧 삼총사가 되어 동네를 쏘다니고 보트를 타고 인레 호수로 나갔다. 인레 호수의 축제 기간에는 게스트 하우스 사장님에게 사정해 두 소년과 함께 축제를 구경가기도 했다. 새 옷을 꺼내 입고 당당하게 배에 오르던 두 소년의 표정이 지금도 생생하다.

인레 호수의 두 소년은 어디로 떠났을까? 더 큰 도시로 일거

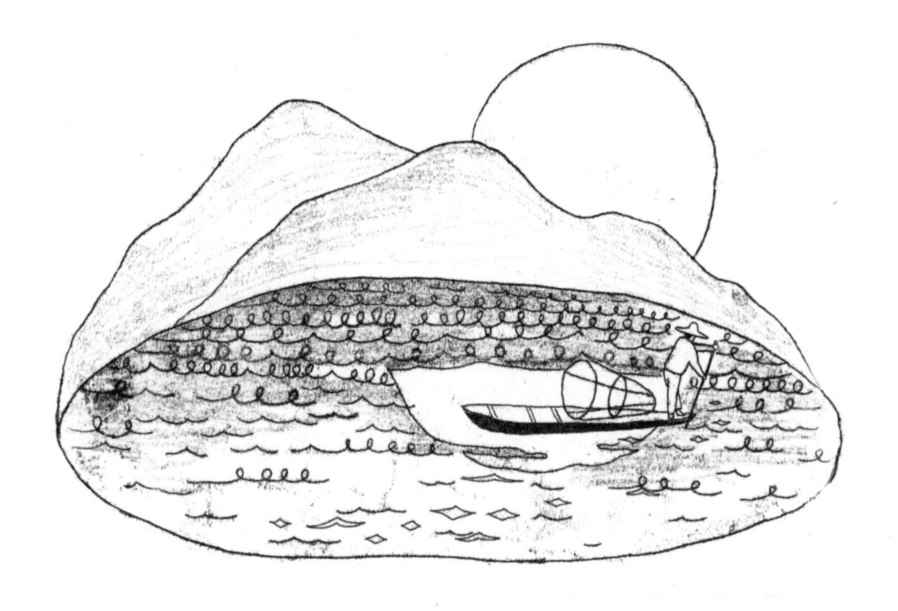

리를 찾아갔거나, 결혼했을지도 모른다. 여행을 떠난 것이었으면 좋겠다고 생각했다. 그래서 그들을 찾을 수 없는 게 다행이라고 믿고 싶었다. 우리가 다니던 직장을 때려치우고 짐 없이 여행하는 것처럼, 두 소년도 9년 전과는 다른 삶을 위해 이리저리 여행 중이라 믿고 싶었다. 시간이 흐르는 게 모두에게 공평하게 좋은 일이라면 얼마나 좋을까? 모두가 한 살씩 나이를 먹는 것처럼, 우리 모두가 시간이 지나면 무언가 더 나아지리라 확신할 수 있다면 얼마나 좋을까? 9년 전의 어린 소년이 그리 믿고 있다면 좋겠다, 부디.

두 소년과 함께 탔던 것과 같은 모양의 긴 보트를 타고 인레 호수로 향했다. 인레 호수 주변에 사는 어부이자 농부인 사람들의 삶은 예전과 별반 달라지지 않은 듯 보였다. 낡은 물 위의 집들과 나무로 만든 배, 그리고 물 위에 돋아나는 빨간 토마토까지. 하지만 느릿느릿 흘러가는 보트 위에서 메일을 확인하라는 알람이 울리면 세상이 한꺼번에 달라진 기분이 들었다. 사 주 동안 전화도, 인터넷도 없이 여행했던 9년 전과 달리 인레 호수 한가운데에서도 인스타그램에 접속할 수 있으니까. 구하느라 애를 먹었던 미얀마 여행 정보들이 인터넷에 널렸고, 악명 높던 미얀마 오지에서도 SNS 확인이 가능하니까. 9년만큼 벌어진 틈으로 새로운 미얀마가 보인다. 그 변화가 무척 반갑기도, 이내 낯설기도 했다.

사실 우리가 지금 미니멀 여행을 실천할 수 있는 건, 세계에 일어난 9년 동안의 변화 덕분이다. CD 플레이어로 노래를 듣다가 MP3에 처음으로 노래 100곡을 넣을 때 정말 기절할 뻔했는데, 지금 MP3로 노래를 듣는 사람은 거의 없다. 여행하며 찍었던 사진을 때마다 CD에 옮겨 넣고, 점점 늘어나는 CD를 들고 다니느라 배낭이 점점 무거워졌던 9년 전과 달리, 요즘은 디지털카메라로 찍은 사진을 빠르게 클라우드에 백업할 수 있다. 심지어 노래를 듣고 사진을 찍고 보관하는 이 모든 기능을 휴대폰 하나로 해결할 수 있다.

"다들 우리가 짐이 없어서, 물건이 부족해서 불편할 거라고 생각하는데 사실 크게 불편한 건 없잖아. 우리 삶이 어떤 부분에서 이미 미니멀해졌기 때문이 아닐까? 10년 전 배낭여행을 떠날 때만 해도 수천 장씩 찍었던 사진을 CD에 넣느라 애를 먹었고, 그마저도 여차하면 몽땅 날려 먹었지만. 무거운 가이드북이랑 읽을 책들을 들고 다니느라 배낭이 얼마나 무거웠다고! 이젠 여행 정보를 찾고, 한글로 된 책을 읽고, 심지어 사진을 찍어 저장하는 것까지 휴대폰 하나면 해결되잖아. 짐이 없다고 불편할 일이 엄청 줄었지."

우리가 불필요한 짐을 줄이고 가볍게 여행하기까지 세상이 거꾸로 뒤집어진 것처럼 많은 것들이 변했다. 하지만 가끔은 그 혜택이 우리 둘에게만 해당하는 것 같아 어리둥절하다. 새로운 미얀마의 모습이 반갑기도, 이내 낯설기도 한 이유이다.

찾지 못한 소년들을 뒤로하고 K와 나웅쉐를 떠나기로 했다. 만달레이*Mandalay*로 돌아가는 밤 버스를 타기 전까지 동네를 서성이며 쓸쓸하게 시간을 죽였다. 그러다 단골 꼬치구이 집에서 마지막 저녁을 먹었다. 얼굴을 익힌 소년 한 명이 반갑게 인사를 건네고, 우리가 자주 먹던 꼬치 몇 개를 골라 주었다. 오늘 밤버스를 타고 떠난다니, 잘 가라고 수줍게 인사를 건넨다. 사진을 한 장 찍으려다 그만

두고 씩씩하게 악수를 청했다. '꼬치 많이 많이 팔고, 이건 우리 입맛에 잘 맞으니까 한국 사람들 오면 추천해주고, 가격은 좀 올려도 돼! 너무 싸잖아' 녀석은 내가 하는 말을 알아듣지 못했는지 그저 웃고만 있다. 이 소년은 다시 만날 수 있을까? 꼬치를 먹으며 찔끔 눈물이 나올 뻔했다.

선잠에 들었던 참이다. 그런데 아침 6시에 도착한다던 버스가 새벽 3시 반, 갑자기 곧 만달레이에 도착한다며 사람들을 깨우기 시작했다. 오밤 중에 물벼락을 맞은 기분이었다. 터미널로 들어선 버스 주변은 이미 택시 기사들로 시끌벅적했다. 좌석에서 엉덩이를 떼기가 무섭게 버스 안으로 홍수처럼 흥정이 밀어닥쳤다. 기사들은 각국의 언어를 총동원해 어느 호텔로 가는지, 가격은 얼마인지 쩌렁쩌렁한 소리로 외치기 시작했다. 부스스한 머리를 쓰다듬으며 우리도 버스에서 내렸다. 도착 시간인 6시에 맞춰 픽업을 오기로 한 택시 기사님이 계셨는데 이걸 어쩌지?

같이 내린 사람들이 하나, 둘 택시를 잡아타고 떠났다. 손님을 태우지 못한 한 명의 기사 아저씨와 우리만 덩그러니 정류장에 남았다. 어떻게 해야 할지 난감하여 호텔에 전화를 걸어보기로 했다. 간신히 연결은 되었는데 영어가 통하지 않았다. 그때 마지막까지 남아있던 기사님이 우리 대신 숙소 직원과 통화하셨다. 통화를 마친 기사님은 호텔에서 곧 택시가 올 테니 조금 더 기다리라고 했다. 그렇게 우리는 한 시간 동안 아무도 없는 캄캄한 버스 정류장에 함께 있었다.

택시 기사만 7년이라는 아저씨는 화려한 경력답게 출중한 영어 실력을 자랑하셨다. 처음 4년은 오토바이 택시로, 그 후 3년은 어엿한 공식 택시 기사로 근무 중이셨다. 외국인을 보면 척하면 삼천리로 어디서 왔는지, 어디로 갈 건지 답이 딱! 나온다고 하셨다. 첫눈에 여행자의 국적과 여행의 목적지까지 맞추다니. 너무 신통하여 우리 인생은 어디로 가는지 물어보려던 차였다. 기사님은 본인이 관상만 보고도 국적은 기본으로 알아맞히는 베테랑인데, 처음 우리를 보곤 긴가민가하셨단다. 이유를 물으니 대답이 재밌다. 일단 옷이 너무 구겨졌고, 머리도 부스스하고, (돌려 돌려 말씀하셨지만 하여간 후지다는 뜻) 짐도 너무 없어서 그렇단다. 짧은 여행을 온 사람들도 보통 트렁크가 2개씩이라고 덧붙이시면서.

"사실 저 미얀마에 두 번째예요. 9년 전에도 왔었거든요."

"아, 그랬구나! 그땐 여행하기가 편하지 않았지. 살기도 힘들었어. 말도 제대로 못하던 시절이었으니까. 지금은 많이 달라졌어. 이것 봐. 새로 산 아이폰! (내 아이폰보다 신형이었다.) 그래도 미얀마 사람들은 여전해. 사실 새벽 3시 반에 이런 낯선 곳에 내려서 택시 기사들이 몰려들면 대부분 경계하고 우릴 나쁜 사람 취급해. 돈

벌려고 적극적으로 나서는 것도 있지만, 미얀마 사람들은 기본적으로는 어려운 사람을 돕고 싶어 하거든. 길거리에 혼자 있는 외국인들을 보면 다들 말을 걸고 그래, 도와주고 싶어서. 그런 마음은 10년 전이나 지금이나 똑같아. 매일 탁발하는 승려들을 살피고 도움이 필요한 사람은 나서서 돕고. 너도 9년 동안 변한 것도, 변하지 않은 것도 있을 걸?"

아저씨 말씀이 맞다. 배낭에 넣은 무거운 짐들을 줄여 가방 하나 들고 여행하기까지 우리는 어떤 면에선 변태하는 곤충처럼 완전히 변했다. 하지만 여전히 아침잠이 많고, 작은 소동에도 쉽게 긴장하는 소심함은 그대로이다. 그래, 아저씨 말씀이 옳다. 숱한 것들이 변했지만 9년이 지나도, 19년이 지나도 변하지 않을 사람들의 마음도 있다. 혼자 있는 나를 살뜰히 살펴주던 9년 전 인레의 두 소년처럼, 어두침침한 버스 정류장에 우릴 두고 갈 수 없어 싫은 내색 없이 우리를 위해 남아준 오늘의 택시 기사님처럼. 곧 출발한다던 숙소의 택시는 1시간이 넘도록 오지 않았다. 우리는 컴컴한 만달레이 버스 정류장에서 이런저런 이야기를 하며 아침을 맞았다.

"아저씨, 9년 뒤에 꼭 다시 만나요, 여전한 모습으로요. 변하고 또 변하지 않은 어떤 모양으로요. 건강하세요!"

"'변함없다'는 말이 숨 막히게 답답한 때가 있었어. 희극이든 비극이든, 제발 무슨 일이라도 일어나라고 바라던 순간이 있었지. 그리고 모든 게 변했기 때문에 우리의 여행이 가능할 수 있었다는 걸 알아. 하지만 그럼에도 불구하고 어떤 것은 영원히 그대로였으면- 하고 바라게 돼. 아름다운 황인찬의 시 《무화과 숲》의 한 구절이나 첫사랑의 목소리, 그리고 바간의 고독과 만달레이 사람들의 구원 같은 것 말이야. 그것만은 영영 변하지 않았으면 해."

타이베이-크루

타이페이, 대만 。

대만에 도착하자마자 시장을 찾았다. 대만 야시장은 많은 여행자들에게 인기 있는 여행 코스이다. 수도인 타이베이*Taipei*에만 수 없이 많은 야시장들이 숨어있고 나라 전체에 크고 작은 시장들이 어찌나 많은지 나라 전체가 낡은 시장 위에 튼 둥지 같다.

들뜬 마음으로 찾아간 야시장은 명성에 걸맞게 어마어마한 인파로 발 디딜 틈이 없었다. 여행자들에게 특히 유명한 스린 야시장士林夜市에는 더 많은 사람들이 모였다. 대만을 여행하는 사람이라면 반드시 한 번은 들렀다 간다는 시장다웠다. 몸 돌릴 틈 없이 사람으로 가득 찬 시장 거리를 휩쓸려 걷다 보면, 작은 노점상들이 물결처럼 흘러간다. 들판에 무성하게 자란 잡초처럼 빼곡한 사람들 틈에서, 조심스레 꼬치를 한입 베어 물었다. 주룩- 빠져나오는 구수한 육즙이 바쁜 마음에 약간 안심을 주었다.

야시장은 예상대로 화려했지만, 어느 구석인가 음울하게 보이기도 했다. 조악한 네온사인과 멍청한 풍선들 사이로 보이는 허름한 차림의 사람들, 그리고 낡은 핀볼 기계에서 흘러나오는 기계음이 디스토피아 영화의 한 장면처럼 보였다. 이제 쇠락할 일만 남은 인류의 비정한 정서가 풍긴다고 할까? 오래된 노점을 찾는 사람들로 긴 밤이 부글부글 들끓었다.

야시장을 거닐다 우연히 들어간 국숫집에서 '미엔麵(면)?'이라고 어설프게 중국어를 했다. 주인 할머니는 메뉴판 앞으로 우리를 끌고 가선 면 요리로 추정되는 4개의 요리를 친절히 설명해주셨다. 당연히 중국어로. 무슨 뜻인지 모를 설명을 한참 듣고 나서 가운데 적힌 국수를 (그러니까 아무거나 골라서) 주문했다. 무슨 음식이 나올지 모르는 상태에서 젓가락을 들고 있는데, 괜히 기분이 좋아졌다. 미쉐린 레스토랑에서 셰프의 추천 음식을 기다리는 기분이랄까? 그보다 더 괜찮았다. 우중충한 시장의 분위기와 세기말적 정서를 풍기는 노점상임에도 불구하고, 우리가 매일같이 시장을 찾았던 이유는 대만 사람들의 친절함 덕분이다. 알아듣지 못하는 걸 알면서도 친절하게 국수에 대해 설명해주시던 시장의 할머니처럼.

대만에서는 시장 할머니도, 동네 젊은이도 모두 한 사람처럼 친절했다. 모두 한 얼굴로 정겨웠고, 한 마음으로 따뜻했다. 길을 잃은 사람은 그냥 지나치지 못하는 프로그램이 내재되어 있는 게 틀림

없다고 생각할 정도였다. 버스 안에서 '이 정류장이 맞나? 지금 내려야 하나?' 싶은 마음에 엉덩이를 들썩거리면 선뜻 다가와 다음 정류장에 내리라고 알려준다. 멋모르고 택시 승차장에 서서 버스를 기다리면 손을 잡고 가 제대로 된 정류장에 세워주고, 슈퍼마켓에서 무슨 맛인지 모르는 음료수를 집어 들면, 그건 맛이 없다며 다른 걸 골라준다. 피카추 그림에 속지 말라며 맛은 정말 별로라고 다른 음료수를 골라주다니! 이 사랑스러운 사람들! 내가 대만에게 기대한 장면은 세기말 디스토피아가 아니라 수줍게 맛있는 음료를 골라주는 이런 90년대 로맨스였다고! 대만은 누구든 여행에 서툰 사람도, 여행이 질려버린 사람도 다시 여행을 사랑하도록 격려해준 곳이다. 언제나 같은 자리에 있는 푸근한 시장처럼.

대만의 시장을 좋아했지만, 정말 시장 한가운데에서 머물거라고는 감히 상상도 하지 못했다. 시장 한복판의 집을 발견한 건 대만에 온 지 며칠이 지나서였다. 늦은 밤에 도착해 야시장을 둘러보고, 우리는 근처 작은 게스트 하우스에서 며칠을 보냈다. 그리고 다음 날 한자로 적힌 주소를 들고 에어비앤비 숙소를 찾아 나섰다.

한자로 적힌 집주소를 들고 이곳저곳을 한참 헤맸다. 마침내 도착한 8번지에서 여러 번 벨을 누르니 나이 지긋한 어르신이 나오셨다. 손에 들고 있는 주소를 보여드리며 숙박을 예약한 에어비앤비 애플리케이션을 켰다. '우리가 오늘, 이 집을 예약했다.'는 문장을 온갖 해괴하고 기괴한 몸짓으로 설명하려 애썼지만 전혀 소용이 없었다. 어르신은 (역시나) 알아들을 수 없는 중국어로 한참 무언가를 설명하셨다. 분위기상 아무래도 집을 잘못 찾아온 모양이다. 어르신은 말이 통하지 않는 한국인 두 명의 손을 잡아끌고 건너편 시장으로 걸어가셨다.

"따라오라는 거지? 시장에는 왜 가시는 거지? 우리 배고파 보이나?"

"아무래도 우리를 숙소까지 데려다주시는 것 같아. 이 시장이 지름길인가 봐."

북적거리는 시장 골목에는 각종 채소 가게와 30위안짜리 국숫집이 즐비했다. 수십 년째 같은 표정이었을 법한 시장 안은 매일같이 장을 보러 나오는 동네 사람들로 붐볐다. 오래된 잡화점에서 검은색 시장 봉지가 인파에 휘날렸다.

한참 시장을 구경하는데 앞장서서 걷던 어르신이 갑자기 멈춰 서신다. 을씨년스러운 정육점 앞이었다. 나보다도 나이 들어 보이는 나무 도마, 여러 종류의 고기들이 뭉텅이로 걸린 쇠고리, 그 주변에 들끓는 엄청난 파리떼까지. 그 흉흉한 정육점 바로 앞집이 우리가 예약한 8번지였던 것이다. 대만에서의 우리 집은 그렇게 축축한 도마 위, 오래된 시장 골목 귀퉁이에 자리를 잡고 있었다. 정육점에서 풍기는 생고기의 비릿한 냄새와 묵은 떼가 잔뜩 엉긴 시커먼 시장 골목, 그리고 물건을 수레에 실어 나르는 상인들의 생경한 목소리까지. K와 나는 처음 보는 숙소의 모습에 크게 당황했다. 당황스러움은 거기서 끝나지 않았다.

아무래도 숙소를 잘못 선택했다는 생각이 들 무렵 한참을 기다렸다며 에어비앤비 호스트 톰이 우리를 맞아주었다. 반가운 톰의 표정을 보면서, 우리는 내심 놀란 마음을 감추려 노력했다. 호스트의 영어 이름과 프로필 사진의 짧은 헤어스타일만 보고 그의 성별을 멋대로 추측한 상태였기 때문이다. 그동안 메시지를 주고받으며 의식하지 못하는 사이 톰에게 여러모로 무례했던 것 같아 당황스러움이 곧 부끄러움으로 바뀌었다.

○

지난 6월 런던에서 열린 프라이드 퍼레이드Pride Parade의 해시태그가 떠올랐다. 프라이드 퍼레이드는 매년 6월, 전 세계에서 벌어지는 성소수자들의 축제이다. 1969년 6월 뉴욕의 스톤월 인Stonewall Inn에 경찰들이 들이닥쳐 성소수자들을 무자비하게 체포한 사건에서 촉발된 항의 시위, '스톤월 항쟁'을 기념하며 매년 6월에 열린다. 이 축제의 2016년 메인 해시태그는 '#NoFilter'였다. '다른 사람들의 기준에 맞춰 자신을 바꾸려 하지 말고 자신의 모습을 있는 그대로 받아들이자'는 뜻이다. 나는 그 주제가 꼭 나를 위한 것처럼 느껴졌다. 이제껏 다른 사람들의 시선에 맞춰 살아온 건 그들이 아니라 나였으니까. 퍼레이드를 즐기는 나의 모습을 보며 어떤 사람들은 굳이 왜 거길 갔느냐고, 당사자도 아닌 일에 즐거워하는 이유가 뭐냐고 물었다. 그때 난 마음속으로 되물었다. 어째서 우리가 당사자가 아니냐고, '있는 그대로의 나'를 사랑하는 일에는 우리 모두가 당사자가 아니겠냐고. 편견이 깨지는 순간이 두렵지 않고, 모든 고정 관념과 선입견에 맞서는 일이 즐거운, 그래서 앞으로도 오랜 관념을 깨는 일에 주저함이 없는 열린 사람이 되겠다고 수많은 런던 사람들 가운데서 다짐했지만, 아직도 한참 멀었다는 생각이 든다. 겉모습만 보고 누군가의 정체성을 판단하고, 나와 다르다는 이유로 누군가를 손쉽게 규정하려는 못된 습관을 대만에서 다시 반성하게 되니 말이다. 그토록 있는 그대로의 나로 인정받기를 원하면서도, 여전히 다른 사람을 편견 없이 보지 못하다니. 올해도 나의 해시태그에는 변함이 없을 것 같다.

'#NoFilter, #있는_그대로의_나 #있는_그대로의_너'

○

엎질러진 실수들을 어떻게 주워 담아야 할지 몰라 우왕좌왕하는 우리를 보고, 톰은 그저 악수를 건넸다. 내 미운 마음을 덮어주는 담요 같은 손을 마주 잡으며 조용히 사과했다.

짧은 머리에 다부진 체격, 호쾌한 웃음소리가 매력적인 톰은 짐이 이렇게 적은 여행자는 너희가 처음이라며 크게 웃었다. 톰의 미소 덕분에 두렵고 불안하던 마음이 싹 사라졌다. 을씨년스럽던 정육점이 푸근해 보였고, 낡은 시장 건물이라 여기저기 녹이 난 계단도 정겹게 느껴졌다. 삐걱거리는 계단을 올라 집 안으로 들어서니, 톰과 함께 마라톤을 뛴다는 친구들이 한창 모임 중이었다. 간단한 다과를 앞에 두고 자신들의 모임에 열을 올리던 친구들이 K와 나를 커다란 박수로 환영해주었다.

우리는 대학 동아리에 처음 가입하는 신입생이 된 기분으로 마라톤 크루 앞에 섰다. 왠지 이 멋진 선배들에게 잘 보이고 싶었다. 톰은 한국에서 왔다고 우리를 소개하며, 우리의 작은 가방을 가리켰다. 가벼운 우리의 짐에 대해 이야기한 모양이다. 친구들은 놀라움을 감추지 못하며 다시 한번 따뜻하게 우리를 맞아주었다. 친구들의 환호가 왠지 뿌듯했다.

타이베이-크루의 구성원은 참으로 각양각색이었다. 머리가 희끗한 어르신부터 깡 말랐지만 강단 있어 보이는 젊은 친구와 화려한 피어싱을 한 대학생까지 서로 다른 사람들이 한데 어울려 있었다. 친구들은 릴레이 마라톤을 하는 크루라고 본인들을 소개했다. 릴레이 마라톤은 여러 명이 팀을 이뤄, 구성원들이 릴레이로 마라톤 코스를 완주하는 경기이다. 자신의 한계를 견디고, 내 뒤를 이어 달릴 친구를 위해 포기하지 않아야 하는 릴레이 마라톤의 특성 덕분인지 타이베이-크루의 팀워크는 정말 끈끈해 보였다. 크루 중 한 명은 대만 섬 전체를 달리기로 완주한 경험이 있는 엄청난 베테랑이었다.

우리는 어느새 마라톤 동아리, 타이베이-크루의 구성원이 된 마음으로 선배들의 이야기를 경청했다. 오랜 기간에 걸쳐 대만 섬 전체를 달리기로 완주한 선배의 이야기는 우리 몸과 마음을 완전히 녹여버렸다. '이 선배, 닮고 싶다!'고 생각하는데, 친구들은 오히려 '너희들 참 신기하다'는 눈빛으로 우리의 여행에 대해 물었다. 적은 짐으로 얼마나 여행했는지, 짐이 적어 불편하진 않았는지, 왜 그런 마음을 먹게 되었는지 많은 질문을 했다. 소소하게 불편했던 기억들도 있지만 대체로 별 탈 없이 지낸다고 답했다. 그리고 여행을 하며 달라진 점을 묻기에, 타인의 시선에서 자유로워졌다고 말했다.

"그건 나랑 비슷하네. 나도 다른 사람이 나를 어떻게 볼지 전혀 신경 쓰지 않거든. 가방 하나만 들고 가볍게 떠나는 여행, 정말 좋다. 신경 쓸 일도 줄고 자유로울 것 같아. 나중에 나도 시도해봐야겠어! 그래도 여기서 생활하다 필요한 물건이 생기면 이야기해줘. 내가 가진 것들 중에 나눠줄 게 있을 거야."

과연 멋진 크루였다. 스스로가 원하는 것에만 집중하며, 여럿이 모여 무언가를 이뤄내는 친구들이 참 멋져 보였다. 친구들은 우리의 여행을 우리만의 것으로 봐주며, 있는 그대로 존중해주었다. 우리가 유럽 대륙에서 아시아 대륙까지 9개 나라를, 5개월 간 이 가방만 들고 여행할 수 있었던 건 모두 톰과 같은 친구들 덕분이다. 우리가 원하는 여행의 방식과 삶의 태도를 존중해주고 경청해주며, 집이 없는 우리에게 생활에 필요한 물건들을 기꺼이 나눠준 사람들 덕분이다.

예전에는 무거운 배낭 때문에 터미널 가까이에 위치하거나, 관광지들이 모여 있는 중심지에 위치한 숙소를 우선으로 찾아보았다. 하지만 짐을 줄이고 가볍게 여행을 하면서, 우리와 일상을 공유할 수 있는 집, 자기만의 삶을 만들어가는 사람들의 공간을 찾아 나설 수 있게 되었다. 불편한 대중교통에, 시내에서 멀리 떨어진 외딴 지역이라도, (설령 오래된 시장 한 귀퉁이에 위치한 낡은 집이라고 해도) 우리가 함께 삶을 나눌 수 있는 집이라면 망설이지 않고 문을 두드렸다. 그리고 많은 사람들이 자신이 공들여 가꾼 집을 기꺼이 우리에게 내어주고, 자신의 삶 속으로 낯선 여행자인 두 사람을 기분 좋게 초대해주었다. 자신의 물건을 선뜻 내어주던 친구들이 있었기에 우리는 오랜 기간 짐 없이 여행하면서도 부족함을 느끼지 않았다. 오히려 다양한 사람들과 여러 모양의 삶을 만날 수 있는 소중한 기회가 되었다. 오늘 이 마라톤 크루를 만난 것처럼.

우리는 그날 멋진 마라톤 선배들과 각자의 여행사를 나누느라 늦게까지 자리를 뜨지 못했다. 타이베이-크루의 멋진 여행기가 아마도 오래도록 우리 마음에 남을 것 같았다.

"혹시 누가 나한테 소속 크루를 물으면, 타이베이-크루라고 답할 거야. 멋지지 않아?"

"혹시 누가 너한테 소속 크루를 묻지는, 않을 걸? 그러니 내가 물어봐주지. 넌 어느 크루야?"

"훗- 들어는 보았느냐, 타이베이-크루. 우리는 마라톤을 릴레이로 한다! 여행도 가방 하나면 충분하지!"

부족하면 부족한 대로

아리 산, 대만。

'당신의 마음속 가장 큰 가치는 무엇인가요?'

영화의 마지막 장면, 까만 화면 위로 떠오르던 글자들이 또렷하다. 영화 〈타이베이 카페 스토리〉 속 주인공이 자기만의 이야기를 만들기 위해 자신의 카페와 비행기 티켓을 맞바꾸던 순간, 나 역시 내 마음속 가장 큰 가치는 무엇인지 고민했다. 영화 〈청설〉의 주인공이 '네가 널 생각 안 하니까 내가 네 생각만 하게 되잖아'라고 읊조렸을 땐 하루 종일 펑펑 울었다. (그때 사귀던 애인에게 차인지 얼마 되지 않았던 때라 병적인 감정 과잉 상태였다.) 아기자기한 로맨스 영화를 좋아하지 않는 나 조차도 몇 개의 대만 영화는 꼭 마음에 품고 다닌다. 다시 볼 때마다 가슴이 물러지는 대만 영화 한 편씩은 누구나 품고 있지 않을까?

대만 영화처럼 낭만적인 공간이 많은 타이베이에서 내가 가장 자주 들렀던 곳은 영화 〈카페 뤼미에르〉를 실제로 촬영했던 카페다. 2층에는 필름 하우스가 있어 다양한 대만 영화를 감상할 수 있고, 1층에는 카페와 영화 관련 제품들을 판매하는 숍이 있어 커피를 마시며 둘러보기에 좋다. 나는 커다란 창으로 시원하게 보이는 푸른 정원을 유달리 좋아했다.

필름 하우스의 카페 말고도 대만 영화를 관람할 수 있는 곳은 많다. 원래 청주 양조장이었던 공장을 복합 문화 공간으로 변화시킨 '화산 1914 창의문화 원구1914 華山文創園區'가 그중 하나이다. 양조 공장의 모습은 보존하고 그 내부는 다양한 문화 예술로 채워 넣은 공간이다. 독립 영화 상영관과 흥미로운 미술 작품 전시관, 오밀조밀한 소품을 판매하는 디자인 숍과 근사한 레스토랑도 있다. 도심 속의 낡은 공장을 젊은이들의 문화 공원으로 변화시킨 곳은 또 있다. 1930년대 일제 식민지 시절에 건설된 담배 공장을 공원으로 변화시킨 '송산 문창 원구松山文創園區'는 타이베이 사람들이 특별히 애정하는 공간이다. 투박한 공장 건물은 이곳 역시 그대로 두었다. 그리고 공장이었던 건물에는 작은 서점과 갤러리, 박물관들이 자리 잡고 있다. 건물 앞에는 산책하기 좋은 공원이 만들어져 있어, 타이베이 시민들과 데이트 나온 젊은이들로 북적인다.

좋은 카페와 맛있는 음식, 다양한 문화 예술을 가까이서 만날 수 있는 타이베이를 영 떠나고 싶지 않았지만, 타이베이-크루가 추천해준 대만의 다른 여행지를 놓칠 수 없어, 아쉬운 마음으로 짐을 꾸렸다.

타이베이-크루가 적극적으로 추천한 여행지는 대만 중앙에 위치한 아리 산阿里山이었다. 그곳에 가면 신처럼 산을 지키는 나무를 만날 수 있다며 꼭 가보길 추천했다. 하지만 아리 산까지 가는 길이 쉽지는 않았다. 아리 산을 오르는 산림 열차는 사전 예약이 필수였다. 보통은 전화로 예약하거나 직접 창구에 방문해 예약할 수 있다는데, 중국어를 전혀 못하는 우리에게는 불가능한 방법이다. 미리 알아봐 두었던 인터넷 홈페이지를 통해 예약을 문의하려 했지만, 이 홈페이지는 80년대 만들어진 이후로 전혀 변한 게 없는 듯 보였다. 정보들이 하나같이 업데이트되지 않았기 때문이다. 바야흐로 오늘날은 자율 주행 차량이 도로를 활보하고, 화성으로 이주할 사람도 뽑는 시대란 말이다. 홈페이지는 죄다 한자에, 결제마저 온라인으로 불가능하다니. 맙소사.

결국 타이베이-크루의 도움을 받아 열차를 예약하고 결제는 해당 기차역에서 하기로 했다. 아무래도 대만 사람들이 친절하기 때문에 시스템이 이토록 불친절한가 싶다. '옆 사람한테 물어보면 되잖아요? 친절히 알려줄 텐데? 그러니 홈페이지는 80년대 스타일로 둡시다.'라는 식인 거다. 맙소사 2.

우여곡절 끝에 열차 예약을 마치고 짧은 기간이지만 빠듯하게 아리 산 여행도 준비했다. 처음부터 일이 제대로 굴러가지 않더니 떠나기 며칠 전 결국 사달이 났다. 카메라가 고장난 것이다. 절망적이다. '대만에서 사진을 얼마나 찍었더라? 야시장에서 충분히 사진을 찍었던가? 앞으로 일정이 얼마나 남았지? 아리 산이 그렇게 멋지다는 데 사진을 한 장도 못 찍는다고? 카메라를 어떻게 고칠 수 없을까?' 이런저런 생각을 하던 중에 집을 나서던 톰을 만났다. 잔뜩 심통난 표정으로 톰에게 털어놓았다. 기차표 예매부터 쌓여온 불만이 둑이 무너지듯 한꺼번에 쏟아졌다.

"톰. 카메라가 고장 났어. 어쩌지? 대만 여행 사진이 얼마 없을 것 같아. 아– 우울해. 아리 산은 어떡하냐고! 정말 화가 나!"

"마라톤을 하다 보면 정말 아름다운 풍경들을 만나. 걸어야만 볼 수 있는 작은 풀꽃, 멋진 교외의 건물들, 싱그러운 강변. 모두 사진으로 오래오래 남기고 싶지만 무거운 카메라를 들고 달릴 순 없잖아. 그래서 우린 그걸 마음에 담으려 노력해. 가끔은 그렇게 마음에 담은 풍경들이 사진보다 더 생생해. 너희들은 짐 없이 5개월을 여행 중이잖아. 이번 대만 여행은 카메라도 없이 해봐."

톰의 말을 들으니 내가 철없이 쏟아냈던 문장들이 민망했다.

톰의 말이 옳았다. 속옷 두 장과 양말 두 켤레로 5개월째 여행 중인데 카메라 하나 없는 게 뭐가 그리 대수일까. 마음에 담은 풍경이 사진보다 더 생생했던 순간은 우리 여행 중에도 많지 않았나.

간직하고 싶었지만 미처 사진을 찍을 새도 없이 지나쳐버린 K의 표정, 카메라에는 담을 수 없던 해변의 따뜻한 바람, 비가 내리던 어느 날 우산 없이 걸었던 축축한 밤 거리는 비록 사진에는 없지만 마음속에 또렷하게 남아있다. K와 나는 영화 〈어바웃 타임〉의 한 장면처럼 뒤집어지는 우산을 바로 잡으려 애쓰며, 빗물로 가득 찬 웅덩이에 다 젖은 신발을 담그며, 빗물을 끼얹으며 지나가는 자동차를 향해 소리를 지르며 참 신나게 걸어 다녔다. 그 장면은 카메라에 담기지 않았지만 그 어떤 사진보다 선명하게, 우리의 기억 속에 담겨 있다. 비가 내릴 때면 지미 폰타나*Jimmy Fontana*의 일몬도*Il Mondo*와 함께 우리 마음속에 재생되니까.

K와 나는 결국 고장 난 카메라는 두고 아리 산 여행을 계속하기로 했다. 아리 산에서 우리가 간직하고 싶던 풍경은 스마트폰으로 찍어 보관해도 충분할 것 같았다. 사진 찍기를 좋아하는 K는 동네 작은 사진관을 돌아다니며 일회용 카메라를 하나 마련했다. 워낙 오랫동안 사진관에서 잠들어 있던 터라 제대로 작동할지 의문이었지만 상관없었다. 장난감처럼 생긴 작은 일회용 카메라를 가방에 넣으며 생각했다. 더 좋은 카메라로, 더 아름답게 꾸며 담지 않아도 우

리 마음에 남을 풍경이 더 선명할 거라고. 모두 톰의 조언 덕분이다.

타이베이에서 기차를 타고 아리 산과 가까운 도시에 도착했다. 아리 산을 만나는 길은 쉽지 않았다. 이해할 수 없는 한자 사이를 이리저리 헤매고, 그보다 더 이해할 수 없는 결제 시스템의 난관을 통과하며, 간신히 아리 산행 산림 열차에 오를 수 있었으니까.

아리 산의 산림 열차는 세계 3대 산악 열차 중 하나이다. 아리 산의 비경을 감상하며 고산을 천천히 오르는 이 붉은 열차는 그 의미만으로도 충분히 매력적이다. 산림 열차에는 싱가포르, 중국, 일본 등 다양한 나라에서 온 여행객들로 빈자리가 없었다. 열차는 느리지만 천천히 앞으로 나아갔다. 산을 빙글빙글 감고 돌며 숱한 나무와 짙은 식물들을 스쳐갔다. 빽빽하게 들어선 나무 사이 달리며, 높은 산을 둥근 궤적으로 오르며 서서히 아리 산과 가까워졌다.

열차가 아리 산 정상으로 가는 길목에 위치한 산골 마을, 펀치후奮起湖에 도착했다. 해발 2,100미터 중턱에 위치한 펀치후는 울창한 숲 사이에 위치한 조용한 마을이다. 집 앞의 나무 탁자와 그 위에 놓인 찻잔이 아주 오래전 모습 그대로였다. 알고 보니 이곳은 대만에서도 유명한 차 생산지였다. 아리 산에서 생산되는 차는 대부분 우롱차인데 그 맛과 향이 훌륭해 중국에서도 명차로 꼽힌다. 산림 열차를 타고 오며 보았던 넓은 차 밭, 그리고 마을에서 말린 찻잎과 커피콩이 자주 눈에 띄던 이유였다. 마을의 오래된 흙길을 따라 걸으면 이곳에서 재배하는 차와 커피를 마실 수 있는 정감 있는 카페도 만났다. 우리는 마을을 걷다 오래된 목재로 만들어진 테이블이 인상적인 카페에 들어갔다. 그곳에서 나이 지긋하신 동네 어르신이 직접 내려주는 아리 산 커피를 마셨다. 진한 향과 묵직한 풍미가 꼭 펀치후의 숲과 닮아 있었다.

100년 전 모습 그대로인 마을을 걷는 일도 즐겁지만, 무엇보다 펀치후가 좋은 이유는 울창한 숲 때문이다. 빈틈없이 우거진 천년 고목들 사이로 떨어지는 한 줄기 빛이 고혹적인 숲, 사람의 운명을 점치는 신의 나무들이 살고 있다는 숲, 자신의 미래를 묻고 비린 과거는 묻기 위해 이곳을 찾는 사람들의 발길이 끊이지 않는 신비한 숲이다.

펀치후의 숲을 한참 거닐다 아리 산 정상으로 향하는 버스에 올랐다. 아리 산에는 1000년 이상의 나무와 무려 2500년이 넘은 나무도 있었다. 그리고 그 가운데서 비로소 신이라 불리는 나무를 만났다. 높이를 가늠할 수 없는 대담한 가지들은 하늘과 맞닿아 있었고, 지저 세계의 문을 두드리는 거대한 뿌리는 보이지 않은 세상으로 조용히 길을 내고 있었다. 습기를 한가득 머금은 공기가 나무가 뱉어 놓은 입김처럼, 묵직한 벨벳 커튼처럼 우리 몸을 휘감았다. 왜 친구들이 이곳에 신이라 불리는 나무가 모였다고 했는지 알 수 있었

다. 누구도 이 나무를 신이 아니라 말할 수 없을 것이다.

조용히 숲을 거닐다, 우리에게 카메라가 없었다는 사실을 깨달았다. 카메라 없이 떠나는 여행도 나쁘지 않았다. 카메라가 없다는 사실이 사진을 찍어야 한다는 강박으로부터 우리를 자유롭게 했다. 우리는 일회용 카메라와 스마트폰으로 몇 장의 사진을 찍다가 그마저도 곧 그만두었다. 그리고 말없이 나무들 사이를 걷고 또 걸었다. 지금 여기의 풍경에 집중하며, 톰의 말처럼 이 순간의 감정을 마음에 담으려 애썼다. 영화 〈월터의 상상은 현실이 된다〉의 명대사가 공감됐다. 숱한 밤을 추위와 싸워가며 끈질기게 기다렸던 히말라야의 눈표범을 만나고도 숀은 사진을 찍지 않았다. 왜 사진을 찍지 않느냐고 묻는 월터에게 그는 답했다. '정말 멋진 순간은 온전히 나를 위해서 그저 그 순간에 머문다'고. 우리도 아리 산의 황홀한 숲 속을 누비며 그저 순간에 머물렀다. 그러다 우연히 같은 풍경을 바라보는 여행자들을 만나면 조심스레 부탁했다. 카메라가 없는 우리의 사정을 설명하며 방금 찍었던 사진을 우리에게 보내줄 수 있는지. 우리가 파리에서 한 연인의 뒷모습을 찍어 전달해준 일이 떠올랐기 때문이다. 대부분의 여행자들이 흔쾌히 부탁에 응해주었다. 우리는 그 약속을 사진처럼 찍어 마음에 담고, 벨벳처럼 늘어진 숲의 입김을 온전히 누렸다. 오래도록 기억에 남을 산행이었다.

아리 산에서 얼마간 머문 뒤 대만 남부의 도시, 가오슝高雄으로 향했다. 가오슝 숙소에서 열어본 메일함에 낯선 이름으로 편지 한 통이 와 있었다. 아리 산 근처의 한 카페에서 만난 여행자라고 자신을 소개하며 아리 산 사진 몇 장을 첨부해 보낸다는 내용이었다. 얼굴도 이름도 기억나지 않는 여행자는 아리 산의 멋진 풍경을 늦었지만 잘 감상하길 바란다며 카메라는 고쳤는지 물었다.

대만 여행을 마친 지 한참이 지난 지금도, 이따금씩 아리 산 중턱에서 만난 여행자들의 사진이 도착한다. 그들이 보내는 한 장 한 장의 사진들이 퍼즐처럼 우리의 대만 여행을 완성해가고 있다. 어쩌면 우리의 대만 여행은 아직 도착하지 않은 한 장의 사진처럼, 지금도 진행 중인지 모르겠다. 무언가 부족한 우리의 여행이, 수많은 사람들의 도움으로 조금씩 채워져 가는 것처럼 말이다. 어느 여행자가 보내준 사진을 보며 다시 한번 생각해본다. 물건이 없으면 없는 대로, 무언가 부족하면 부족한 대로, 순간이 흘러가면 흘러가는 대로, 앞으로도 그렇게 여행하자고.

"카메라가 없어도 충분히 즐거운 여행이었어. 없으면 없는 대로, 부족하면 부족한 대로 그 나름의 의미가 있는 것 같아. '의미 있는 삶을 위해 불필요한 것을 없애는' 과정은 꼭 미니멀리스트가 되지 않더라도 누구에게나 필요한 일인 것 같아. 우리는 여행을 통해 그 계기를 마련한 거겠지?"

"일본 만화 《우리 집엔 아무것도 없어》에서 주인공은 '물건이 줄어들수록 마음이 가벼워졌다'라고 이야기해. 우리도 물건을 정리하며 마음이 한결 가벼워지는 기분을 느꼈잖아. '적게 소유하는 대신 의미 있는 삶을 살자, 내가 소중히 하는 것에 집중하며 살자'라고 생각하면서 말이야. 어쩌면 모든 사람에게 인생에 한 번쯤 그런 과정이 필요한 게 아닐까? 생에 한 번쯤은 말이야. 짐 없이 여행을 하거나, 카메라 없이 여행을 하는 것처럼."

나랑 여행해줘서

방콕, 태국 。

여러 번 와도 좋은 도시가 있다. 방콕*Bangkok*이 그렇다. 언제 다시 와도, 몇 번을 다시 찾아도 방콕만의 편안함이 있다. 부드러운 스카이 트레인과 70년식의 빨간 버스를 갈아타며, 방콕 속의 어울리지 않는 장면들을 이어 본다. 초고층 빌딩과 재봉틀 아줌마, 스타벅스와 길거리 음식, 정장을 입은 회사원의 맥북과 버스 안내원의 동전. 서로 다른 시간이 교차하는 묘한 퍼즐들, 방콕을 사랑하는 이유이다.

○

"여기 맥주 하나랑 콜라 하나요!"

방콕 시내는 한참 달아오르고 있었다. 머리 꼭대기에 아지랑이가 피어오를 듯 강렬한 태양에 나는 숨이 팍 죽은 시금치처럼 기운이 없었다. 원래는 사원에 가려고 나왔는데 금방 더위에 지쳐버린 나 때문에 그냥 동네나 어슬렁거리기로 했다. 그리고는 집 근처의 한 식당에 들어가 생맥주를 주문했다. 항상 K 앞에 놓이는 맥주와 내 앞에 놓이는 콜라의 위치를 슬쩍 바꾸자, 주인아줌마가 싱긋 웃는다.

살포시 그늘이 진 야외 테이블에서 시원한 맥주를 마시니 더위가 쉬이 물러나는 듯했다. 길거리에서 산 파파야 하나를 입에 넣고 단숨에 맥주 한 잔을 비워냈다. 생각해보면 이런 장면이다. 뜨거운 한낮에, 나무 그늘 아래 축 늘어져선, 차가운 맥주나 벌컥벌컥 마시며 하루를 온통 낭비하는 일. 이십 대의 우리가 방콕에서 보냈던 어느 하루의 모습이다.

◦

'사람은 쉽게 변해서, 오늘 파인애플을 좋아하는 사람이 내일은 다른 것을 좋아하게 될 수도 있다'는 영화 〈중경삼림〉의 유명한 대사도 있건만 방콕은 이토록 변함이 없다. 오후 4시면 하늘이 무너질 듯 쏟아지는 여름 비, 땀에 흠뻑 젖으며 마시는 차가운 맥주의 맛, 후덥지근한 공기를 베개 삼아 졸던 빨간 버스의 좌석. 비를 맞아 더 강렬하게 푸르렀던 여름의 방콕들. 스물둘, 스물다섯, 스물여덟, 서른의 나는 매번 달라지는데 어쩐지 방콕은 끝내 변할 줄 모른다. * 그래, 어떤 여름은 영원 속을 지나가니까. 어떤 여름은 그래야만 하니까. 그렇게 방콕은 변하지 않을 계절로 남아있다.

그건 아마도 우리에게 방콕이라는 도시가 여러모로 특별하기 때문일 거다. 우리가 처음 여행을 시작한 도시이자, 그 후로 지금까지 함께 여행하며 마지막으로 싸운 곳이기도 하니까. 그래서 이번이 우리의 세 번째 방콕 여행이지만 변함없는 방콕의 표정이 반갑고, 그 속에 숨겨진 새로운 무언가를 찾는 일이 즐겁다. 그래서 방콕에 올 때면 스누피의 말이 떠오른다. '인생에서는 말이야. 어디를 가는가 보다, 누구랑 가느냐가 더 중요해.' 여행에서도 어디를 가는가 보다, 무엇을 보는지 보다, 누구랑 가느냐가 더 중요한 법이니까.

○

A "혹시 치앙마이Chiang Mai 가는 버스 기다리세요? 모이라고 한 곳은 여기서 조금 더 걸어가야 합니다."

B "(뭐래) 알아요."

A "(뭐지? 아는데, 왜 안감?) 조금 더 걸어가야 해요. 버스 시간 맞추려면 지금 가야 하는데…."

B "(뭐래!) 네, 안다고요. 더워서 그래요, 더워서."

A "(잉? 뭐라는 거야? 더운데 방콕 왜 옴?) 아니, 여긴 방콕이

* 박연준 《여름의 구심력》

니까 더운게 당연한건데…. 아니, 그것보다 시간을 지키려면 지금 가야 한다니까요?"

B "(얘 뭐야 진짜!) 아우, 예, 가요, 갑니다! 그리고 저기요. 더워야 맥주가 맛있잖아요."

A "예? 무슨 말씀을…."

B "그래서 왔다고요, 방콕에, 더운데."

별 이상한 사람이 다 있다고 생각했다, 서로가 서로를. 그 애(A)는 나(B)를 정말 특이한 사람이라고 생각했단다. '정해진 약속 장소로, 정확한 약속 시간에 가는 일이 당연한 건데 저렇게 더워서 늘어져 있다니?' 게다가 그렇게 더위에 약하면서 대체 왜 방콕 여행을 왔는지 전혀 이해가 가지 않았다고 했다. 나도 나름의 이유가 있었다. '아니, 버스를 놓쳐도 내가 놓치는 거지. 가만히 있는 사람한테 정해진 시간을 지켜야 한다니? 알람 시계야? 선생님이야? 그리고 내가 더위에 약해도 이 도시를 여행하는 이유는 다 맥주가 맛있기 때문이라고! 별 이상한 사람 다 보겠네!'

∘

서로를 다른 행성에서 온 외계인 보듯 했던 K와 나는 그렇게 여러 면에서 아주 달랐다. 붕어빵을 머리부터 먹는 그 애와 옆구리부터 먹는 나, 육류를 좋아하는 그 애와 채소를 더 좋아하는 나, 셰프를 꿈꾸는 미식가인 그 애와 먹는 일은 배 채우는 것 말고는 대개 피곤한 나, 술을 잘 마시지 않는 그 애와 삼대에 걸친 애주가 집안의 자식인 나, 구글 일정표 덕후인 그 애와 계획은커녕 달력조차 잘 보지 않는 나. 거의 모든 면에서 다른 우리 둘은 서로를 이해하는 일이 우주의 크기를 계산하는 문제만큼이나 난해했다. 하지만 어쩐 일인지 우리는 그날 방콕에서 만난 이후로 지금까지 줄곧 함께 여행하고 있다. 세상은 온통 이상한 일 투성이다.

K와 나는 이십 대에 처음 만나, 서로 치고받고 저주하며 몇 년을 더 같이 여행했다. 그러다 서른 살이 되었을 무렵, 둘 다 작정하고 직장을 그만두었다. 앞으로의 인생을 고민해보자며 나란히 사표를 던졌고 그 후 1년 간의 긴 여행에 동행했다. 유럽에서 1년을 머물며, 우리는 따로 또 같이 여행했다. 베를린에 머물며 각자가 관심 있는 곳으로 떠났다 돌아오기를 반복했고, 텐트 하나 짊어지고 스위스 알프스*The Alps*와 노르웨이 피요르드*Fiourd*로 캠핑을 떠나기도 했다. 각자의 리듬에 맞추며, 서로의 템포를 조율하며, 따로 또 같이 여행했다.

처음 여행을 떠날 땐 24시간 찹쌀떡처럼 붙어 있어야 하는 긴 여행 속에서 우리의 관계가 어떻게 변할지 전혀 예상할 수 없었다. 델마와 루이스인 줄 알았던 우리가 끝내는 서로를 망치고야 마는 시드 비셔스와 낸시 스펑겐임을 깨달았을 때는 대체 어찌해야 할지 겁이 나기도 했다. 하지만 우리는 1년 하고도 6개월을 넘긴 지금까지 함께 여행하고 있다. 아직 서로를 죽이지 않았고 죽일 만큼 밉지도 않았다. 그리고 스스로도 알 수 없는 이상한 여행길을 함께 걸으려 하고 있다. 역시, 세상은 이상한 일 투성이다.

우리가 여행을 통해 우리의 관계가 어떻게 달라질지 상상할 수 없던 건, 두 사람의 여행이 생각처럼 만만한 일이 아니기 때문이다. 멋진 장소에서 셀카나 찍으며 낭만적인 사랑 고백만 속삭일 법한 두 사람의 여행은 사실 서로의 민낯을 확인하는 지난한 과정에 가깝다. 다음 목적지는 어디이며 얼마나 머물 것인지, 오늘 점심은 무얼 먹을 것이며 저녁은 집에서 어떤 요리를 할 것인지, 아주 사소한 부분까지 대화하고 협상하지 않으면 안 되기 때문이다.

"음. 코펜하겐은 꼭 가고 싶은데?"

"지금 겨울인 데다, 비행기 값도 비싸고, 우리 겨울 옷도 없어서 엄청 추울걸? 그냥 파리에 더 있는 게 어떨까?"

"무슨 소리야. 절대 안 돼! 코펜하겐은 내 평생 제일 가보고 싶은 도시였다고!"

"암스테르담도 한 평생 가보고 싶은데 아니었어? (찌릿) 어제

돈 얼마나 썼어? 거스름돈 제대로 받아왔어? (찌릿 2)"

"오늘 쓰레기 버리는 건, 당신 차례일 텐데? (찌릿 3)"

매일 여행과 관련된 소소한 문제들로 투닥거려야 하는 건 기본이고, 오롯이 둘에게 남겨진 일상의 숙제들을 끈질기게 책임져야 한다. 정해진 예산 내에서 우선순위를 정해 빠듯한 장을 봐야 하고, 음식물 쓰레기를 처리하는 당번을 정하고 밀린 빨래를 해결하는 일도 함께 해야 한다. 그뿐인가? 나도 모르고 있던 나의 못된 습관과 전혀 보여주고 싶지 않았던 비밀스러운 치부까지 공유할 수밖에 없다. 매일 아침 서로의 입냄새도 참아야 하고, 하나의 화장실을 이용하며 서로의 장이 건강하도록 매너도 지켜야 하니까.

처음에는 소꿉놀이처럼 즐겁던 식사 당번도 시간이 지날수록 귀찮고 지루한 노동에 불과해진다. 망친 음식도, 간이 안 된 음식도 참고 먹어야 하고, 피곤한 아침에도 누군가는 일어나 밥을 해야 하며, 설거지가 하기 싫은 날에도 꾹- 참고 세제를 짜야한다. 수많은 시행착오를 거쳐 규칙을 정하고 그걸 다시 수정하고, 이해할 수 없는 서로의 습관을 묵묵히 견디고 기다려주며 말이다. (예를 들면 K가 맨날 안대를 쓰고 자는 습관을 나는 도저히 이해할 수 없다. 그래, 좋다. 안대 쓰고 주무시라고. 그런데 왜! 매일 쓰고 자야 한다고 우기면서, 밤마다 침대에서 나에게 안대를 찾아달라고 하는지 정말 모르겠다.) 일상을 함께 꾸려나가는 일은 그리 호락호락하지 않다. 서로에게서 도망치거나, 혼자 숨어 있을 만한 순간의 빌미조차 제공되지 않는 둘만의 여행에서는 더더욱.

우리는 서로에게 물었다. 혼자였으면 더 자유롭고 편했을 여행을 굳이 동행하는 이유를. 가끔은 지울 수 없는 상처를 주고받으며, 좋든 나쁘든 서로에게 무한한 영향을 끼치며, 책임감이라는 끔찍한 중력을 견디며, 그럼에도 불구하고 함께 걸으려는 이유는 뭘까? 아마 함께 떠나는 여행이 혼자였으면 절대 도달하지 못했을, 전혀 새로운 목적지로 우리를 이동시키기 때문일 거다. 우리가 함께 여행하며 배낭을 버리기로 결심한 일처럼 말이다.

"여행에 이 많은 물건들이 전부 필요하진 않아. 우리, 더 가볍게 여행할 수 없을까?"

"오- 이것 좀 봐! 외국에서는 벌써 많은 사람들이 짐 없는 여행, 미니멀 트래블을 많이 하고 있어. 우리도, 배낭 없이 여행해보면 어떨까?"

부다페스트 공항에서 가지고 있던 물건들을 내다 버리면서, 암스테르담에서 20킬로그램짜리 배낭을 2킬로그램의 가방으로 줄이면서, 우리는 더 가벼운 여행, 덜 소유하는 삶, 그래서 보다 중요한 가치에 집중하는 인생에 대해 이야기했다. 그리고 혼자였으면 용기 내지 못했을 마음을 서로 부축하며, 불필요한 짐들을 하나씩 줄여나갔다. 그 지난하고 귀찮은 과정을 거쳐 마침내 함께 배낭 없이 여행을 떠났다. 돌이켜보니 서로를 다독이며 걷지 않았다면 도저히 할 수 없던 여행이었다.

오랜 여행 기간 내내 우리는 절대 양보할 수 없는 나만의 공간을 기꺼이 상대에게 내어주고, 절대 이해할 수 없을 것 같은 한 사람을 포용하기 위해 치열하게 대화해왔다. 생각해보면 두 사람의 관계에서 진실하고 솔직하며 격렬한 대화만큼 중요한 열쇠는 없다. 우리는 운 좋게 긴 시간 함께 여행하며 서로의 다름을 인정하고 자신의 생각을 스스럼없이 공유할 수 있었다. 그리고 그 과정을 통해 보다 나은 사람으로 성숙할 수 있었고, 새로운 여행에도 도전할 수 있었다. 그리고 그 지난했던 과정들이 우리에게 작은 흉터로, 그러나 또렷한 좌표로 남았다. 상처라고 생각했던 그 표식들이 우리를 새로운 길로 안내하는 표지판이자 우리를 성숙하게 하는 소중한 과제라는 것도 이제는 안다.

누군가 말했다. 관계의 시작은 서로의 매력, 관계의 지속은 서로의 성숙이라고. 달랑 옷 한 벌로 6개월째 유럽과 아시아를 여행하는 지금, 우리는 서로를 통해 달라졌을까? 우리는 그렇다고 믿는다. 우리가 이 여행으로 인해 조금씩 성숙하고 있다고, 서로로 인해 각자의 삶이 더 나은 궤도로 전환되고 있다고 말이다. 이 여행은 결국 서로를 성숙하게 하는 동행이었다.

"음- 엉망진창 꼬여있는 저 전선들이 과연 내 인생 같군. 이 여행이 행복한가? 좋은 커피를 마시고 싶은데 밤이 늦었으니 마시면 안 될까? 가끔은 고양이를 모시고 살고 싶어. 인스타그램에 무슨 사진을 올려야 하지? 멋진 사진이 없어. 그럼 이 여행은 불행한가? 재방송을 영원히 보는 기분은 어떨까? 결혼한다는 내 친구는 행복해 보이는데. 그 선배는 승진했다던데. 그래서 커피는 진짜 마시지 말까? 다들 사느라고 애들 쓴다. 다들 행복하려고 애들 쓴다, 정말. K, 이 여행은 행복하지 않은 것 같아. 가끔 지루하고 고독하고 불안해. 그래도 행복하라고 다그치지 말자. 가끔 불행해서 더 귀한 순간이 있으니까."

"커피는 마시지 말고, 고양이는 모셔도 좋고, 인스타그램에는 제일 이상하게 나온 사진을 올려버리고, 고독하고 불행한 기분은 마음속 아래 서랍에 잘 넣어둬. 그래도 너와 같이 불행할 수 있어서 다행이야."

여행이 항상 행복하지는 않다. 엉켜있는 이어폰 줄처럼, 정신없이 꼬여있는 방콕 시내의 전선처럼 짜증 나고 지랄 맞은 경우도 많다. 커피 한 잔을 마시는 일에도, 결혼한다는 친구의 청첩장에도, 승진했다는 후배의 인사에도 마땅한 대답이 없어 웅얼거리는 스스로의 현재와 오롯이 마주해야 하는 처절한 순간이 더 많다. 그럼에도 불구하고 우리는 서로로 인해 여행할 용기를 얻는다. 내가 불행하다고 믿는 시간에도, 그 우울과 슬픔마저 소중한 것이니 잘 챙기라고 격려해주는 K가 있기에 다시 힘을 내 여행할 수 있었다.

가끔 우리는 사랑스러운 커플보다, 죽이 잘 맞는 이인조, 삼도 화음 잘 쌓는 듀엣, 코드가 맞는 콤비처럼 보인다는 말을 듣는다. '송송 커플(송중기, 송혜교)' 보다는 '송숙 콤비(송은이, 김숙)'에 가깝다는 이야기를 자주 듣지만 그래도 괜찮다. 인생에서 새로운 모험을 시도하고, 여행 중에 말도 안 되는 사건을 저지를 때면 우리가 그런 콤비라 다행이라는 생각도 든다. 스위스의 아이거*Eiger* 산 북벽을 바라보며 매일 캠핑을 하고, 아일랜드 딩글의 돌고래를 보기 위해 노숙을 마다치 않고, 버스 탈 돈으로 시원한 맥주를 사 마시며 2시간씩 걷고, 급기야 배낭 없이 여행을 하기로 결심하는, 서로 치고받으며, 어깨동무로 우여곡절을 헤치며, 기어서라도 앞으로 나아가려는 이상한 이인조라 다행이란 생각이 든다.

표현에 서툰 이인조는 낭만적으로 사랑을 고백하는 대신 미안한 일을 고해하거나 몰래 저지른 실수를 자백한다. 그리고 앞으로도 너와 여행하고 싶다고, 나와 여행해줘서 고맙다고 외투 주머니에 슬쩍 쪽지를 남긴다. 오늘은 여행 중 두 번째 맞는 K의 생일을 기념해, 나의 고백이자, 고해이자, 자백인 작은 쪽지를 그 애의 바지 주머니에 슬쩍 남겼다.

'오늘도 제멋대로여서 미안. 구글 캘린더에 흥미가 없어 미안. 손잡지 않고 걸어야 직성이 풀리는 솔로이스트라 미안. 뭐든 손만 대면 망가뜨리는 파괴자의 운명이라 미안. 그래도 너와 여행하면 고독한 밤 산책도 아쉽지 않을 거야. 비극을 읽지 않아도 괜찮을 거야. 독방에 갇히거나, 영원한 모험을 떠나야 한대도 나쁘지 않을 거야. 내가 후질 때 후지다고 말해줘서, 내가 최악일 때 정신 차리라고 화내 줘서, 고마워. 고마워, 나랑 여행해줘서.'

산책하듯 가볍게

서울, 한국 。

"이 비행기 한국으로 가는 거 맞지? 영 믿기질 않네. 그냥 또 어딘가로 여행 가는 것 같아."

"음, 난 두려워. 그냥 집으로 돌아가는 게 아니라, 예전의 나로 돌아가는 걸까 봐."

200일 내내 입어 목이 축 늘어진 티셔츠 자락을 만지며 바쁜 호흡을 가다듬었다. 우리는 지금, 우리가 떠나온 곳으로 돌아가는 중이다.

그리웠던 집이지만 막상 돌아가려니 시험을 앞둔 수험생처럼 바짝 긴장이 되었다. 지루한 비행 시간 내내 잠이 오지 않았고, 가끔은 기이하게 빨리 심장이 뛰었고, 손에 바짝 땀이 나기도 했다. 이제껏 아무렇지도 않던 빗지 않은 머리와 낡은 차림새, 짙어진 주근

깨가 신경 쓰였다. 여행하며 달라진 나의 모습이 규격화된 인형으로 변할까 두려워졌다.

출발하기 며칠 전까진 어서 집에 가고 싶었다. 문득문득 떠오르는 그곳에서의 평범한 일상들이 궁금했다. 주말에는 친구 신혼집에 집들이를 가고, 회사에서 생긴 억울한 일을 토로하며 동료와 소주잔을 기울이고, 사랑싸움 혹은 혹독한 이별이 주는 감정을 익숙한 사람들과 공유하고 싶어, 몇 번이고 돌아가고픈 순간이 참 많았다. 1년에 몇 번쯤은 지독하게 그립기도 하고 그중 몇 번 참을만하기도 했다. 머물면 떠나고 싶고, 떠나면 돌아오고 싶은, 그런 시소 같은 마음에 균형을 잡고 사는 일이 지금의 내 삶이다.

눈을 감고 떠올려 본다. 가까워오는 익숙한 글자들의 뜨거운 인사와 자주 가던 미술관의 전구 여러 개가 부옇게 떠오른다. 그리고는 초록이 가득한 8월의 남산 아래서 마시는 시원한 녹차와 친구들과 걸어가던 익선동의 언덕배기와 단골 카페의 달지 않은 당근케이크와 반가운 사람과의 가벼운 포옹과 투둑- 투둑- 빗소리가 들리는 포장마차에서 마시는 소주 한잔과 가을에 묻는 나태주 시인의 안부가 떠오른다. 그래, 그만큼 그리운 것 같다. 그래, 이 정도면 집으로 돌아가는 길이 나쁘지만은 않겠다. 두려워할 필요 없다. 이미 변한 것들은 내내 안전할 테니까. 무서워할 필요 없다. 이 여행은 내내 계속될 테니까.

200일 내내 우리와 함께 여행한 가방이 보인다. 모퉁이마다 헤지고 긁혔지만 여전히 늠름한 자태를 뽐내는 녀석들. 이 작은 가방 안에 우리의 여행이 고스란히 담겨있다. 흐린 하늘의 에펠 탑, 십대 시절 밴드였던 친구들이 개업한 피렌체의 손님 없는 레코드 숍, 녹아내리는 버터처럼 무더웠던 발리 섬의 노란 해먹, 그리고 매일 저녁노을을 바라보며 마시던 다윈의 차가운 맥주가 모두 이 가방 안에 잠자고 있다.

가방 안의 2킬로그램이 조금 넘는 물건들은 여행하면서 늘기도, 또 줄기도 했다. 허리가 자주 아픈 K는 마사지를 한다며 테니스공 하나를 얻어 들고 다녔고, 동남아시아로 이동하면서 샀던 선크림과 슬리퍼, 챙이 넓은 모자 하나가 새로운 식구가 되었다. 처음 여행을 나설 때부터 들고 다녔던 다 쓴 다이어리와 여행 중 이별했고, 숙소에 두고 온 스마트폰 충전기 덕분에 짐이 하나 줄었다. 가끔 불편했지만 주로 평온했다.

어떤 날은 가방이 작은 게 무척 아쉬웠다. 파리의 한 플리 마켓에서 오래된 무늬의 찻잔과 누군가의 사연이 담긴 낡은 필름 카메라를 사고처럼 만났을 때, 로마 길거리에서 판매하는 콜로세움 기념품을 30분 동안 만지작거렸던 날처럼. '어떻게든 공간을 만들면 요 작은 콜로세움 하나쯤은 들어가지 않을까?' 싶어 그 앞을 한참 서성였다. 가끔 들렀던 슈퍼마켓에서 할인하는 묶음 제품에 설레이다,

'난 아직 멀었다'며 씁쓸히 자책했다. 그럼에도 우리가 앞으로도 계속 산책하듯 가볍게 여행하고픈 이유는 뭘까?

사소하지만 분명한 증거들이 먼저 떠오른다. 악명 높은 유럽 여행의 소매치기로부터 커다란 트렁크를 지켜내기 위해 전전긍긍하지 않아도 되고, 최대한 침대에서 미적거리다 일어나 1분 안에 짐을 싸서 어디든 떠날 수 있다. 공항 카운터에서 짐을 부치기 위해 긴 줄을 서지 않아도 되고, 짐을 찾기 위해 꼭 들러야 하는 '짐 찾는 곳'을 가뿐히 생략할 수도 있다.

처음에는 그 단순한 사실들이 통쾌했다. 발목에 달린 모래주머니를 풀어버린 것처럼, 뜨거운 여름날 살얼음 낀 맥주를 마시는 것처럼 시원했다. 하지만 여행이 계속될수록 이 홀가분함은 보다 구체적이고 현실적인 일상의 변화들로 번져갔다. 매번 짐을 싸고 푸는 시간, 매일 아침 무얼 입을까 고민하는 시간이 사라진 자리로 새로운 일상을 도모할 만큼의 틈이 생겼다. 산책하며 여행을 보다 풍성하게 만들 수 있었고, 새로운 공부를 시작하거나 엉뚱한 취미를 만들기도 했다.

물건을 소유하고 소비하는 방식에도 변화가 생겼다. 때마다 물건을 사지 않고 여행 중 만난 친구나 에어비앤비 가족에게 빌려 사용했다. 필요한 모든 것을 굳이 소유할 필요가 없었다. 어떤 물건은 더 많은 사람과 공유할 때 더 가치 있었다. 그런데도 불구하고 부득이하게 무언가 사야 할 때는 꼭 필요한 것인지 수십 번 생각했다. 그리고 나에게도, 이 세계에도, 이 지구에도 긍정적인 영향을 주는 제품을 찾기 위해 노력했다. 부끄럽게도 매번 성공하지는 못했지만 노력을 게을리하지는 않았다. 늘 우리 곁을 지키는 재활용 가방과 어느 바다의 돌고래, 쓰레기로 가라앉을 법했던 섬의 모습을 떠올리며 더 나은 소비를 하려 애썼다.

무엇보다 매일 같은 옷을 입고 다니며 타인의 시선에서 자유로워졌다. 무언가 부족하고 모자라다고 자신을 하찮게 여기지 않고, 내가 가진 물건이 나의 가치를 결정하지 않는다고 생각하게 되었다. '가질 수 없는 것을 탐하느라 소중한 지금을 낭비를 하지 않기로 마음먹었고, 미래의 불행보다 오늘의 여행'에 집중했다. 배낭 없는 여행이 우리 삶의 우선순위를 다시 고민해보는 계기이자, 불필요한 것들을 최소화하며 더 중요한 가치에 집중할 수 있는 용기가 되었다. 가방 하나, 옷 한 벌, 속옷 두 장으로 200일을 버텼는데, 무엇이든 못할까 싶다.

물론 불편한 적도 많았다. 근사한 외식보다 필요한 만큼의 식재료를 때마다 사야 하는 일이 수고롭고, 몇 벌뿐인 옷 때문에 매일 해야 하는 늦은 밤의 손빨래는 늘 번거롭다. 다른 사람의 눈에 비치는 촌스러운 차림의 나를 사랑하는 일도 간단하지 않았다. 쉬운 일은 아니지만 그렇다고 못 할 일도 아니다. 돈보다 시간이 들고, 속도

보다 방향에 맞춰야 하는 삶이니까. 하지만 더디고 불편한 이 일상이 내게도, 그리고 이 세계에도 도움이 되는 건강한 삶의 원리라는 사실에 커다란 만족감을 느낀다.

내가 여행기를 써서 올리던 '브런치'라는 온라인 플랫폼에는 사람들이 어떤 경로를 통해 나의 글을 접했는지 분석해주는 기능이 있다. 대부분은 자동 추천 경로를 통해, 더러는 SNS나 홈페이지에 게재된 글을 보고 많은 사람이 방문한다. 내가 눈여겨보는 경로는 바로 검색 통로이다. '미얀마 비자 발급'이나 '이탈리아 남부 여행' 등 뚜렷한 목적의 검색으로 들어오는 사람도 있고, '담쟁이덩굴'이나 '중고 시장 금고', '안방 곰팡이 냄새' 같은 알 수 없는 단어의 조합으로 얼떨결에 불시착한 사람도 꽤 있다. 어느 날 밤, 어김없이 검색어들을 훑어보던 중 한눈에 들어온 문장이 있었다.

'왜 내 삶은 변하지 않는 걸까'

잔잔했던 가슴에 누군가 커다란 돌덩이를 떨어뜨린 것 같았다. 진동처럼 잘게 일렁이던 물결이 금세 파도가 되어 내 마음을 새파랗게 덮쳤다. 그토록 간절하게 자신의 삶이 바뀌길 바라던 이는 과연 누구였을까? 한 글자, 한 글자를 써넣으며 얼마나 가슴이 무너졌을까? 지금과는 다른 삶에 대한 갈망, 오늘과는 다른 내일에 대한 갈증이 나의 어떤 글을 읽고 조금 해소가 되었을까? 나는 오랫동안 그 문장을 떠나지 못했다. 닫힌 문 너머로 보이는 누군가를 두고 선뜻 돌아설 수 없었다. 배낭 없이 떠난 이 여행도 결국 삶을 변화시키기 위한 무수한 헛발질 중에 하나였기 때문이다.

그날 이후 자주 생각했다. 대단하지도 않고 근사하지도 않은 이 이야기가 어떤 사람에게는 오랫동안 기다려온 질문이 되었으면 좋겠다고. 자기 짐에 대해, 자기 삶에 대해 난처하고 난해하지만 내내 기다려왔던 물음이었으면 좋겠다고. 그 질문을 통해 자기 삶의 우선순위를 다시 고민해보고 어떻게든 삶을 바꿔내는 실마리를 얻었으면 좋겠다고. 우리가 여행을 하는 데 필요한 짐이 2킬로그램이라면, 인생을 사는 데 필요한 짐은 20킬로그램이면 충분하다고 생각하게 된 것처럼, 가방 2개가 전부인 우리의 여행과 닮은, 더 단순하고 가벼운 삶을 위해 노력하기로 마음먹은 것처럼 말이다.

한국에 돌아가서도 우리는 가벼운 여행을 계속해보기로 했다. 영화 〈인디 에어〉에 나오는 대사처럼 '멀리 떠나는 사람은 가방을 가볍게 하는데 왜 사람들은 인생이란 긴 여행을 가면서 그 많은 짐들을 가방에 넣고 사는지' 더 고민해보기로 했다. 그리고 가벼운 여행을 통해 더 나은 삶, 조금은 다른 삶을 살기 위해 분투해보기로 했다. 산책하듯 가볍게 여행하고, 여행을 떠나듯 가볍게 살기 위해.

가방은 여전히 하나, 목적지는 한국의 어느 모퉁이. 산책하듯 가볍게, 떠날 준비는 여전히, 1분. 우리의 여행은 아직 끝나지 않았다.

"우린 이제 어떻게 될까? 이 가방을 들고, 우리 인생은 어디로 가는 걸까?"

"글쎄, 모르겠어. 어떻게든, 무엇이든, 되겠지. 안 되면 어때? 모르면 어때? 제대로 살지 말자. 멋대로 살아보자, 가방 하나로 여행해도 괜찮은 것처럼."

에필로그

한국에 돌아와 아주 오랜만에 할머니 댁에 갔다. 한 바구니 가득 담긴 깻잎들이 푸른 향기를 풀풀 풍기며 우리를 기다렸다. 할머니와 엄마와 나는 좁은 평상에 무릎을 맞대고 둘러앉아 막 따온 깻잎으로 반찬을 만들었다. 깻잎 켜켜이 간장 양념을 듬뿍 바른다. 두고두고 먹을 군침 도는 반찬이다. 살짝 높은 온도의 바람이 수줍은 고양이처럼 내 목덜미를 파고든다. 그리웠던 시골의 여름날이다.

여름 바람을 맞으며 한국에서 보낸 몇 달을 떠올려 본다. 한국에 돌아와 새로 무언가를 사지 않았다. 엄마와 함께 마실 술 몇 병을 제외하고는. 엄마는 내가 왜 매일 같은 옷을 입는지, 왜 이상하게 생긴 가방을 들고 제주도부터 강릉까지 다시 여행을 다녀왔는지 이해하지 못했다. 하지만 더 묻지 않고 나를 보내주었다. 반가운 포옹과 살가운 안부만으로 딸을 전부 이해할 수 없음을 엄마는 그저 짐작하는 것 같았다. 그 마음이 조금 슬프고 많이 감사했다. 오랜만에 만난 친구들의 표정도 참 재미났다. 저녁을 먹기 위해 나선 시내에서 친구는 수수께끼를 푸는 어린애 같은 표정으로 물었다.

"오, 저것 봐. 컬러 진짜 가을 끝판왕. 아, 요즘 입을 옷 없어서 하나 사야 했는데. 그런데, 넌 진짜 안 사고 싶어? 저거 갖고 싶지 않아?"

"(웃음) 응. 진짜, 갖고 싶지 않아. 사고 싶은 게 1도 없어."

사실이었다. 스스로가 놀랄 정도로 새로운 물건에 대한 욕망이 잠잠해졌다. 사고 싶은 것도, 갖고 싶은 것도 없다. 여행이 끝난 뒤에도 몇 가지의 물건만 사용했지만 살만했다. 무언가 새로 사지 않으니 다음 달 카드값에서 벗어났고, 카드값을 갚기 위해 악착같이 일해야 하는 굴레에서도 해방이다. 필요 이상의 돈을 벌지 않아도 되니 적당히 일했고, 적은 돈을 벌었지만 충분했다.

집을 다시 얻지도 않았다. 더러는 할머니의 시골집에, 가끔은 서울 친구의 집에, 그리고 또 얼마 간은 제주도의 작은 숙소를 빌려 여행하듯 살았다. 몇 가지 물건만 가방에 넣고 여기와 저기에서 동시에 살았다. 나쁘지 않았다. 마음속 공허를 물건으로 채우려 하지 않고 인생의 의미를 더 넓은 집에서 찾으려 하지 않았다. 명함도 없고 직장도 없고 게다가 주소마저 없는 생활이었지만, 맨발의 산책처럼 자유로웠다. 누군가는 이렇게 살아도 괜찮지 않을까?

거리를 걷는 수많은 사람 중 화장을 하지 않은 사람은 나와 10세 미만의 아이들뿐이고, 비슷한 확률로 미용실에 3년째 가지 않은 사람도 나와 칠십 대 할아버지뿐이고, 60일간 생필품을 제외한 물건을 사지 않았을 생명체는 나와 동네 길고양이뿐이다. 그 사실이 낯설기도 재밌기도 했다. 여행하며 변한 우리의 일상이 한국에서도 여전하다는 사실에 안도하기도 했다. 누군가는 이렇게 살아도 괜찮지 않을까?

"적당히 벌어 적당히 쓰고, 덜 사고 더 만들고, 일하는 만큼 여행하고, 그리고 언제나 가볍게 여행하듯, 그렇게 살자."

"응. 평생 이렇게 살 수도 있을 것 같아."

"나도. 주소가 없어서 편지를 못 부치는 건 슬프지만."

200여 일간의 가벼운 여행으로 인생에서 소중한 우리만의 가치를 발견했다. 뿌연 안개 속이라 아직 형태가 명확하지 않고, 유물을 발굴하려는 고고학자의 붓질처럼 섬세한 노력이 더 필요하지만,

다른 삶을 살 수 있겠다는 좋은 예감이 든다. 우리는 이 여행이 끝나든 끝나지 않든, 우리의 마음을 즐겁게 하는 삶의 가치들에 집중하며 살고 싶다.

맥주를 마시며 일기를 쓰는 저녁 있는 일상을 만들 것, 주말이면 햇볕 아래에서 책을 읽고 그 위로 드리워지는 나뭇잎의 그림자를 셀 것, 좋아하는 노래들로 꽉 채운 플레이리스트를 만들고 노래가 끝날 때까지 산책을 멈추지 않을 것, 아주 작은 공간에 꼭 필요한 가구만 놓을 것, 고장 난 물건과 옷은 직접 수리해 오래오래 사용할 것, 나와 지구의 건강에 이로운 방식으로 가능한 소중히 돈을 쓸 것, 언제든 스무 가지의 물건만 넣고 가볍게 여행을 떠날 것, 날씨가 좋다고, 가끔 여행을 떠나자고 세상에 말을 걸 것.

이 여행기는 매일 같은 티셔츠를 입은 채 200일간 여행한 두 사람의 이야기였다. 같은 티셔츠를 6개월 동안 입고, 스무 가지의 물건만 가지고 여행하는 일이 과연 우리 인생을 바꿀 수 있는가에 대한 질문이었다. 정말 인생이 바뀌는 여행이었을까? 아니면 인생에서 절대 범하지 말아야 할 최대의 실수였을까?

"샌프란시스코, 두 분이시네요. 부치는 짐은 정말 없습니까?"

"네, 없습니다! 이 가방이 전부예요."

우리는 여전히 가방 하나만 들고 여행 중이다. 작은 가방 안에 평생을 지켜온 습관처럼 몇 가지 물건만 넣었다. 긴 여행이라고, 멀리 떠나는 길이라고, 더 챙길 물건이 떠오르지 않았다. 부치는 짐이 없다는 말에 고개를 갸웃거리는 항공사 직원에게 이 가방이 여행에서도, 인생에서도 전부라는 말을 덧붙이려다 그만두었다.

모두가 맨몸으로 여행을 떠날 필요는 없다. 모든 사람이 미니멀리스트가 되어야 할 이유도 없고. 그저 자기만의 가치로, 각자의 삶을 살면 된다. 그래서 모두에게 각기 다른 삶의 방식이 있다면 더할 나위 없겠다. 인생은 결코 답이 하나뿐인 객관식일 수 없으니까. 저마다의 답이 있으니 무엇이든 일단 쓰고 보자. 아직 고쳐 쓸 시간은 많다. 영화 〈록키〉의 명대사가 떠오른다. '본디 중요한 것은 얼마나 세게 치느냐가 아니라, 얼마나 세게 맞고도 나아갈 수 있느냐'이다. 인생이 던지는 질문에 자기만의 답을 쓰고 싶다면, 눈치 보지 말고 일단 적어 보는 거다. 당신이 쓰는 무엇이든 정답일 테니까.

부칠 짐은 없습니다

2019년 7월 8일 초판 1쇄 펴냄

지은이 주오일여행자
발행인 김산환
책임편집 성다영
디자인 기조숙
마케팅 정용범
펴낸 곳 꿈의지도
인쇄 다라니
출력 태산아이
종이 월드페이퍼

주소 경기도 파주시 경의로 1100, 604호
전화 070-7733-9545
팩스 031-947-1530
홈페이지 www.dreammap.co.kr
출판등록 2009년 10월 12일 제82호

ISBN 979-11-89469-48-1-13980